信阳师范学院商学院学术文库

ZHONGGUO KEZAISHENG NENGYUAN KAIFA LIYONG
JIXIAO PINGJIA YU YINGXIANG YINSU YANJIU

中国可再生能源开发利用绩效评价与影响因素研究

张 龙◎著

中国财经出版传媒集团

图书在版编目（CIP）数据

中国可再生能源开发利用绩效评价与影响因素研究/张龙著.
—北京：经济科学出版社，2020.6
ISBN 978-7-5218-1651-8

Ⅰ.①中…　Ⅱ.①张…　Ⅲ.①再生能源-能源开发-研究-中国 ②再生能源-能源利用-研究-中国　Ⅳ.①TK01

中国版本图书馆CIP数据核字（2020）第109232号

责任编辑：顾瑞兰
责任校对：隗立娜
责任印制：王世伟

中国可再生能源开发利用绩效评价与影响因素研究
张龙　著
经济科学出版社出版、发行　新华书店经销
社址：北京市海淀区阜成路甲28号　邮编：100142
总编部电话：010-88191217　发行部电话：010-88191522
网址：www.esp.com.cn
电子邮箱：esp@esp.com.cn
天猫网店：经济科学出版社旗舰店
网址：http：//jjkxcbs.tmall.com
北京财经印刷厂印装
710×1000　16开　13.25印张　200 000字
2020年6月第1版　2020年6月第1次印刷
ISBN 978-7-5218-1651-8　定价：65.00元
（图书出现印装问题，本社负责调换。电话：010-88191510）

总 序

商学院作为我校2016年成立的院系，已经表现出了良好的发展潜力和势头，令人欣慰、令人振奋。办学定位准确，发展思路清晰，尤其在教学科研和学科建设上成效显著，此次在郑云院长的倡导下，拟特别资助出版的《信阳师范学院商学院学术文库》，值得庆贺，值得期待！

商学院始于我校1993年的经济管理学科建设。从最初的经济系到2001年的经济管理学院、2012年的经济与工商管理学院，发展为2016年组建的商学院，筚路蓝缕、栉风沐雨，凝结着教职员工的心血与汗水，昭示着商学院瑰丽的明天和灿烂的未来。商学院目前拥有河南省教育厅人文社科重点研究基地——大别山区经济社会发展研究中心、理论经济学一级学科硕士学位授权点、工商管理一级学科硕士学位授权点、理论经济学河南省重点学科、应用经济学河南省重点学科、理论经济学校级博士点培育学科、经济学河南省特色专业、会计学河南省专业综合改革试点等众多科研平台与教学质量工程，教学质量过硬，科研实力厚实，学科特色鲜明，培养出了一批适应社会发展需要的优秀人才。

美国是世界近现代商科高等教育的发祥地，宾夕法尼亚大学沃顿于1881年创建的商学院是世界上第一所商学院，我国复旦公学创立后在1917年开设了商科。改革开放后，我国大学的商学院雨后春笋般成立，取得了可喜的研究成果，但与国外相比，还存在明显不足。我校商学院无论是与国外大学相比还是与国内大学相比，都是“小学生”，还处于起步发展阶段。《信阳师范学院商学院学术文库》是起点，是开始，前方有更长的路需要我们一起走过，未来有更多的目标需要我们一道实现。希望商学院因势而谋、应势而动、顺势而为，进一步牢固树立“学术兴院、科研强院”的奋斗目标，走内涵式发展之路，形成一系列有影响力的研究成果，在省内高校起带头示范作用；进一步推出学术精品、打造学术团队、凝练学术方向、培育学术特色、发挥学术优势，尤其是培养一批仍处于“成长期”的中青年学术骨干，持续提升学院发展后劲并更好地服务地方社会，为我校实现高质量、内涵式、跨越式发展，建设更加开放、充满活力、勇于创新的高水平师范大学的宏伟蓝图贡献力量！

“吾心信其可行，则移山填海之难，终有成功之日；吾心信其不可行，则反掌折枝之易，亦无收效之期也。”习近平总书记指出，创新之道，唯在得人。得人之要，必广其途以储之。我们希望商学院加快形成有利于人才成长的培养机制、有利于人尽其才的使用机制、有利于竞相成长各展其能的激励机制、有利于各类人才脱颖而出的竞争机制，培植好人才成长的沃土，让人才根系更加发达，一茬接一茬茁壮成长。《信阳师范学院商学院学术文库》是一个美好的开始，更多的人才加入其中，必将根深叶茂、硕果累累！

让我们共同期待！

前　言

能源是支撑经济发展的主要动力，能源安全已经与国家经济发展的可持续性密切联系在一起。传统化石能源的大量消费不仅给能源安全带来了巨大的压力，还引发了全球变暖、环境污染等一系列问题。因此，人类迫切需要寻找新的替代性能源。可再生能源由于其清洁性和永续性，被认为是解决能源安全、经济发展、气候变化与环境问题的最为理想的能源来源，各国政府都把可再生能源作为未来的主要能源来源形式，不遗余力地推动可再生能源产业的发展。

人类社会进入21世纪以来，可再生能源产业有了突飞猛进的发展，中国是其中的佼佼者，在风力发电、光伏发电建设规模方面一直稳居世界首位。然而，可再生能源的开发利用绩效不仅体现在利用规模上，还表现为对经济和能源系统的贡献，能源与环境技术的进步，以及可再生能源的开发利用与社会和环境之间的交互影响，从而导致可再生能源产业的发展受到各个方面因素的影响。现有的可再生能源开发利用绩效的相关研究大多局限于对某个方面绩效的评价与研究，研究方法也比较单一，在研究内容上也仅限于个别国家或者个别年份的研究；而且，对影响可再生能源产业发展因素的研究力度和深度不够，缺乏定量化的分析，无法识别其中的关键因素。

在这样的背景下，本书拟解决以下几个关键问题：可再生能源开发利用绩效的科学内涵包括哪些内容？如何对可再生能源的开发利用绩效进行科学评价？中国与世界主要国家相比，可再生能源开发利用绩效究竟如何？影响中国可再生能源产业发展的关键因素有哪些？西方国家的可再生能源政策有哪些值得中国借鉴的地方？如何进一步增强中国可再生能源产业的竞争力？

为了解决上述问题，本书将对可再生能源开发利用绩效的内涵进行全面而综合的解析，并据此建立可再生能源开发利用绩效的评价指标体系，然后，对包括中国在内的13个国家2004~2016年的可再生能源开发利用绩效进行综合评价，进而识别影响中国可再生能源产业发展的关键因素，并为中国可再生能源产业的进一步发展提出政策建议。本书的研究主要集中在以下几个方面：（1）在前人研究的基础上，从能源绩效、经济绩效、技术绩效、社会绩效和环境绩效五个方面对可再生能源开发利用绩效的内涵进行了解析，并据此建立可再生能源开发利用绩效评价指标体系。（2）为可再生能源开发利用绩效评价构建基于多准则评价方法的集成评价模型，然后对13个国家2004~2016年的可再生能源开发利用绩效进行科学评价和分析。（3）使用SWOT分析整理和归纳影响中国可再生能源产业发展的因素，在此基础上，使用Fuzzy DEMATEL模型，对影响中国可再生能源产业发展的关键要素进行识别。（4）根据可再生能源开发利用绩效的评价结果和影响中国可再生能源产业发展的关键要素，并借鉴美国、日本、欧盟等发达国家和地区在可再生能源产业发展上的经验，为中国可再生能源产业的进一步发展提供政策建议。

本书的主要内容和结构如下。

第1章，绪论。本章主要阐述了本书的选题背景与研究意义，明确了可再生能源与可再生能源开发利用绩效的相关概念，指出了研究的主要目标与内容，进而确定了本书的研究思路与方法。

第2章，国内外研究综述。本章对前人关于可再生能源开发利用绩效与可再生能源潜力评价及相关评价指标和方法，还有可再生能源产业发展影响因素的相关研究进行了梳理。通过梳理前人的相关研究成果，总结和归纳出现有相关研究的不足之处，进而挖掘出本书对现有研究的补充和提升空间。

第3章，可再生能源开发利用绩效评价指标体系构建。本章基于可持续发展的视角，将可再生能源开发利用绩效的内涵概括为能源绩效、经济绩效、技术绩效、社会绩效和环境绩效五个方面。在明确了指标体系设计的基本原则之后，根据这五个维度，分别分析了各个维度的内容，然后选择和筛查了各个维度所涉及的指标，最终建立了包括五个维度18个指标的可再生能源开发利用绩效评价指标体系。

第 4 章，可再生能源开发利用绩效集成评价模型设计。本章根据研究问题的多维性和不确定性，选取了几种比较常用的优化和多准则决策方法，构建了 AGA-EAHP-EM-TOPSIS-PROMETHEE 的集成评价模型，并验证了该评价模型的科学性，为本书对可再生能源开发利用绩效进行综合评价提供方法依据。

第 5 章，可再生能源开发利用绩效综合评价实证研究。本章基于前文所构建的可再生能源开发利用绩效评价指标体系，选取了 OECD 组织和金砖国家组织中的 13 个国家作为研究对象，并通过国内外相关数据资料，搜集了这 13 个国家 2004 ~ 2016 年相关指标的数据。借助于本书构建的 AGA-EAHP-EM-TOPSIS-PROMETHEE 集成评价模型，获取各个指标的综合权重，并对 13 个国家 2004 ~ 2016 年的可再生能源开发利用绩效进行综合评价和分析。

第 6 章，中国可再生能源产业发展的影响因素分析。本章通过使用 SWOT 分析，总结和归纳了影响中国可再生能源产业的优势因素、劣势因素、机会因素与威胁因素。在此基础上，使用 Fuzzy DEMATEL 模型，对各个要素相互之间的因果关系进行了分析，将影响中国可再生能源产业发展的各种要素分为原因要素和结果要素两类，并最终识别出影响中国可再生能源产业发展的关键推动性因素和限制性因素。

第 7 章，可再生能源产业发展政策建议。本章对比了美国、日本、欧盟等国家和地区的可再生能源产业发展政策，然后分析了中国可再生能源产业发展政策的沿革变化与不足。最后，基于前文的可再生能源开发利用绩效评价和可再生能源产业发展影响因素分析，对中国可再生能源产业的可持续与健康发展提供了一些政策建议。

第 8 章，结论与展望。本章对全书的研究工作进行了总结，归纳了研究工作的主要内容和研究结论，凝练出本书的主要贡献与成果，并对研究的局限性进行了说明。

本书的主要贡献体现在以下方面。

（1）重新给出了可再生能源开发利用绩效的内涵，克服了前人单一维度的局限性，从可持续发展的视角出发，建立了囊括能源绩效、经济绩效、技术绩效、社会绩效和环境绩效五个维度18个指标的可再生能源开发利用绩效评价指标体系。

（2）在以往的横截面研究或者单个国家研究的基础上，从横向对比研究和纵向趋势研究上拓展了已有的研究，建立了AGA-EAHP-EM-TOPSIS-PROMETHEE集成评价模型，验证了TOPSIS-PROMETHEE集成模型的科学性，测算了13个国家2004～2016年的可再生能源开发利用绩效，为可再生能源开发利用绩效评价提供了模型与方法指导。

（3）运用SWOT分析和Fuzzy DEMATEL模型，识别出影响中国可再生能源产业发展的关键要素，为可再生能源产业可持续发展政策制定提供了科学依据。

张龙

2020年1月

目　录

第 1 章　绪论 ………………………………………………………………… (1)

1.1　研究背景与意义 ……………………………………………………… (1)

1.2　相关概念界定 ………………………………………………………… (5)

1.3　研究目标与内容 ……………………………………………………… (10)

1.4　研究方法与技术路线 ………………………………………………… (12)

第 2 章　国内外研究综述 ………………………………………………… (14)

2.1　可再生能源潜力评价研究 …………………………………………… (14)

2.2　可再生能源开发利用绩效的评价指标 ……………………………… (18)

2.3　可再生能源开发利用绩效的评价方法 ……………………………… (24)

2.4　可再生能源产业发展的影响要素 …………………………………… (31)

2.5　现有研究评述 ………………………………………………………… (33)

第 3 章　可再生能源开发利用绩效评价指标体系构建 ………………… (35)

3.1　可再生能源开发利用绩效内涵分析 ………………………………… (35)

3.2　可再生能源开发利用绩效指标体系设计原则 ……………………… (37)

3.3　维度解析与要素分解 ………………………………………………… (39)

3.4　指标遴选与体系建立 ………………………………………………… (41)

3.5　本章小结 ……………………………………………………………… (47)

第 4 章　可再生能源开发利用绩效集成评价模型设计 ………………… (48)

4.1　评价方法比较与选择 ………………………………………………… (48)

4.2　方法的集成与改进 …………………………………………………… (58)

4.3　集成评价模型的建立与验证 ………………………………………… (60)

4.4 本章小结 …………………………………………………………………… (70)

第5章 可再生能源开发利用绩效综合评价实证研究 …………………… (71)

5.1 研究对象确定和数据收集 ……………………………………………… (71)

5.2 可再生能源开发利用绩效综合评价 …………………………………… (73)

5.3 可再生能源开发利用绩效横向分析 ………………………………… (111)

5.4 可再生能源开发利用绩效纵向分析 ………………………………… (115)

5.5 中国可再生能源开发利用绩效分析 ………………………………… (118)

5.6 本章小结 ……………………………………………………………… (123)

第6章 中国可再生能源产业发展的影响因素分析 ……………………… (124)

6.1 影响因素的识别 ……………………………………………………… (124)

6.2 FuzzyDEMATEL 模型………………………………………………… (136)

6.3 可再生能源产业发展影响因素分析 ………………………………… (141)

6.4 可再生能源产业发展影响因素讨论 ………………………………… (146)

6.5 本章小结 ……………………………………………………………… (149)

第7章 可再生能源产业发展政策建议 …………………………………… (150)

7.1 美国、日本、欧盟等国家和地区的可再生能源政策 ……… (150)

7.2 中国当前的可再生能源政策 ………………………………………… (157)

7.3 中国与发达国家可再生能源政策比较 ……………………………… (162)

7.4 中国可再生能源产业发展政策建议 ………………………………… (164)

7.5 本章小结 ……………………………………………………………… (173)

第8章 结论与展望 ………………………………………………………… (174)

8.1 主要研究结论 ………………………………………………………… (174)

8.2 研究创新 ……………………………………………………………… (177)

8.3 研究局限与展望 ……………………………………………………… (178)

参考文献 …………………………………………………………………… (180)

第1章 绪论

1.1 研究背景与意义

1.1.1 研究背景

能源是人类社会日常生产和生活的主要物质基础和推动力量。2018年，全球能源消费总量达到138.65亿吨油当量，能源对人类社会的发展做出了巨大的贡献。随着世界经济的快速发展，能源日渐成为推动经济发展的关键要素。尤其是在20世纪70年代石油危机爆发以来，能源供应短缺对经济发展的限制作用越来越明显。

当前，蓬勃发展的中国经济推动了能源需求的快速增长，能源供需矛盾日益尖锐，对外依存度逐年攀升，供需形势十分严峻。根据《中国统计年鉴》的数据，过去20年间，中国能源消费总量每年以6.5%的速度增长。在巨大的需求压力下，国内能源供应潜力有限，使能源对外依存度不断增加。根据《中国矿产资源报告2019》的数据，2018年，中国石油和天然气的对外依存度已经分别高达70%和56%，能源供应安全形势十分严峻。根据中国石油经济技术研究院于2019年发布的《2050世界与中国能源展望》，中国一次能源需求将在2035～2040年进入峰值平台期，峰值约为57亿吨标煤，即在2018年的基础上增长约23%。未来15～20年，中国仍然面临比较严重的能源安全威胁。

与此同时，大规模的化石能源消费产生了大量的碳排放，带来的温室效应引起全球气候变化。要缓解气候变化就要求建立低碳的能源系统，减少化石能源的消费（Gracceva & Zeniewski，2014）。在2009年哥本哈根气候会议后，中国政府提出了减排目标，即到2020年我国单位国内生产总值的二氧化碳排放量要比2005年降低40%～45%，非化石能源在一次能源消费中的比重达到15%（崔民选等，2013）。2016年12月巴黎气候峰会后，中国制定了新的碳排放目标，承诺在2030年左右使中国的碳排放总量达到峰值，碳排放强度在2005年的基础上降低60%～65%，非化石能源在一次能源消费中的比重达到20%（Hilton & Kerr，2017）。此外，化石能源消费所排放的空气污染物也是城市雾霾的罪魁祸首，严重影响了公众健康（Chen et al.，2013）。

在经济发展、能源安全、气候变化和可持续发展的多重压力下，一方面，经济体需要获取足够的能源来维持经济的发展，另一方面，又要控制传统化石能源的消费，以减轻能源供应压力和减缓全球气候变化。面对这样一种两难的境地，各国政府都在努力提高能源的利用效率，并寻找清洁的可再生的替代能源（Carley，2009；Luthra et al.，2015），以降低对化石能源的依赖程度，大力发展可再生能源已经成为世界各国政府共同的选择（Zhang & Tao，2014）。

与传统的化石能源相比，可再生能源具有低碳、清洁的特点，而且取之不尽、用之不竭，几乎不会产生任何空气污染或者温室气体，可以实现满足能源需求和保护生态环境的双重目标（Basaran et al.，2015），是化石能源最理想的替代能源。发展可再生能源不仅有助于实现能源结构多元化和提升能源安全，而且对于减少温室气体排放、调整能源结构和改善生态环境也具有重要意义（方国昌等，2013；Liu et al，2015）。

在过去的十多年里，可再生能源在全球范围内有了长足的发展。全球可再生能源领域的投资从2004年的395亿美元增长到2018年的3260亿美元，增长了7倍多，可再生能源发电装机容量几乎增长了2倍，从2004年的800吉瓦[①]增长到2018年的2378吉瓦[②]。2018年，全球可再生能源占一次能源供应总量的11%，可再生能源发电量占全球发电量的22.1%[③]。21世纪以来，中国也陆续出台了一系列支持可再生能源发展的政策。2005年，中国颁布了《可再生能源法》，2007年，中国政府制定了《中国可再生能源中长期发展规划》，2012年，中国国家能源局发布了《可再生能源发展"十二五"规划》，并在2016年发布了《可再生能源发展"十三五"规划》。目前，中国可再生能源发电投资、装机容量和发电量均居世界首位，可再生能源发电量占中国发电装机容量的比重超过了25%[④]。从政策到实践，中国的可再生能源发展取得了骄人的成绩。

可再生能源产业在全球范围内发展形势如火如荼，可再生能源的开发利用取得了前所未有的进展。作为未来能源系统的主要能源来源，可再生能源的发展对保障能源安全、实现经济可持续发展具有重大意义。因此，有必要对可再生能源的开发利用绩效进行研究，了解当前可再生能源开发利用绩效的具体状态，明确可再生能源产业发展的主要影响因素，以深刻了解当前可再生能源产业的发展概况，促进未来可再生能源产业的健康与可持续发展。目前，学者们对可再生能源的发展现状及战略与政策进行了探讨和研究，然而，现有的研究主要聚焦于可再生能源的发展现状与趋势分析、政策研究、法律保障、发展战略以及可再生能源产业的发展，这些对于可再生能源的发展都具有重要意义。然而，对于具体的可再生能源开发利用绩效，能够进行量化评估的研究不多，对于影响可再生能源开发利用绩效的关键因素识别，以及这些因素彼此之间的关系分析，现有研究也较少涉及。

因此，本书将主要聚焦于以下几个方面的问题：可再生能源的开发利用绩效应当如何界定？如何对可再生能源的开发利用绩效进行科学评价？中国

---

① Renewable Energy Policy Network for the 21st Century. 10 Years of Renewable Energy Progress：2004－2014.

② Renewable Energy Policy Network for the 21st Century. Renewables 2019 Global Status Report.

③ British Petroleum. BP Energy Outlook 2019：Insights from the Evolving Transition Scenario-China.

④ British Petroleum. BP Statistical Review of World Energy 2019.

可再生能源的开发利用绩效与其他国家相比究竟如何？影响中国可再生能源产业发展的关键因素有哪些？这些因素彼此之间存在什么样的关系？如何针对性地提出具体的可再生能源产业发展的强化措施？

基于以上背景，本书从可持续发展的视角出发，拟对可再生能源的开发利用绩效的内涵进行重新界定；综合运用多种多准则决策方法构建集成评价模型，将中国与世界范围内可再生能源发展较好的国家进行对比，对中国可再生能源开发利用绩效进行评价，以了解中国可再生能源的发展现状。与此同时，为了更好地促进可再生能源的发展，本书将使用Fuzzy-DEMATEL模型来识别可再生能源产业发展的关键影响因素，并分析不同影响因素之间的相互关系，以及对可再生能源发展的具体影响，进而提出更加具有针对性的可再生能源产业发展政策建议，以期为中国可再生能源产业的发展提供有益的借鉴。

1.1.2 研究意义

在现有研究的基础上，本书基于可持续发展理论，对可再生能源开发利用绩效的指标体系设计、综合评价、影响因素识别与关系分析及战略与政策分析等进行研究，对可再生能源产业的研究和发展具有重要的理论与实践意义。

1.1.2.1 理论意义

本书对可再生能源开发利用绩效的内涵进行了重新界定，并基于此建立可再生能源开发利用绩效的评价指标体系，对可再生能源的开发利用绩效进行定量评价，并对可再生能源发展的关键影响因素及其彼此之间的相互关系进行因果分析，找出影响可再生能源发展的关键因素，为可再生能源开发利用的绩效评价和因素分析提供了研究范例。

1.1.2.2 实践意义

通过将中国可再生能源的开发利用绩效与其他国家进行对比，可以了解中国可再生能源的开发利用绩效在国际上所处的地位，明确中国可再生能源发展的优势与不足；通过对可再生能源产业发展的影响因素进行识别和分析，确定可再生能源产业发展的关键影响因素，进而针对性地提出相应的政策建议，可以为未来可再生能源产业的发展指明方向，为相关政府部门制定政策提供决策依据。

1.2 相关概念界定

1.2.1 可再生能源

可再生能源是能源体系的重要组成部分，根据国际能源署的定义，可再生能源是指来自于自然过程（如阳光和风）的能源，与其消耗速度相比，可再生能源能够以更快的速度进行自我补充，太阳能、风能、地热能、水能、生物质能和海洋能是可再生能源的主要来源①。根据《中华人民共和国可再生能源法》（以下简称《可再生能源法》）的规定，可再生能源是指风能、太阳能、水能、生物质能、地热能、海洋能等非化石能源，而借助于传统的低效率的炉灶直接燃烧利用秸秆、柴薪、粪便等，则不包含在可再生能源的范畴内②。

然而，有不少研究将核能也作为可再生能源，由于核能需要以铀作为原料，而铀资源在地球上是有限且不可再生的，且核能开发过程中如果操作不当或因自然灾害等原因，会给区域环境带来毁灭性灾难，因而本书参照国际能源署和《可再生能源法》对可再生能源的定义，没有将核能作为可再生能源。在研究中，新能源也是经常提到的一个概念，新能源是指以采用新技术和新材料为基础，通过系统地开发利用资源而获取的能源，通常是指常规化石能源之外的其他能源（Boyle，2004）。利用核能发电就是这样一种新技术，因而可以将其纳入新能源的范畴之内。然而，不同的国家和地区对新能源所包括的具体能源形式的界定不一样，但通常来讲，新能源的范畴要比可再生能源更广，可再生能源包含在新能源的范畴之内。但本书在对现有研究进行综述的过程中，也将新能源开发利用绩效研究考虑在内。

---

① International Energy Agency. Renewables Information 2014.

② 中华人民共和国可再生能源法 . 2005。

1.2.2 可再生能源开发利用绩效

对可再生能源的开发利用主要以三种形式实现：一是直接利用，如温泉、太阳能热水器；二是加工成相应的能源制品，主要是生物质能的能源制品，如生物柴油；三是并网发电。目前，对绝大多数可再生能源的利用都是通过并网发电的形式实现的。

现有研究中与可再生能源开发利用绩效相关的概念主要包括以下几个：可再生能源的发电绩效、可再生能源的潜力、可再生能源的可持续性、可再生能源的开发利用绩效，因而本书将从这几个相关概念着手，对可再生能源开发利用绩效进行概念界定和内涵解析。

1.2.2.1 可再生能源开发利用绩效

对可再生能源发电绩效内涵的理解有广义和狭义之分。狭义上的可再生能源发电绩效就是可再生能源发电项目的技术和经济效益（陈明燕，2012；谢传胜等，2012；蔡立亚等，2013）。基于此，蔡立亚等（2013）从管理学领域中“绩效”的含义出发，认为新能源和可再生能源的发电绩效是某国家或者地区在新能源及可再生能源发电领域的产出（主要是发电装机容量）与该国新能源及可再生能源资源总量之比。从本质上来讲，这种定义采用了一个统一的标准来对新能源及可再生能源资源的利用程度进行度量，表示的是相对于某国所拥有的新能源及可再生能源资源禀赋，发电绩效考虑的是以发电的形式对新能源及可再生能源进行开发与利用的程度，可以更加客观地反映各国在促进新能源及可再生能源发电上的有效输出，即新能源及可再生能源资源利用方面的绩效。相比之下，广义的可再生能源发电绩效则从一个更加综合的视角来进行审视，认为可再生能源的发电绩效是在考虑发电的技术和经济效益的同时，也要兼顾对社会和环境的影响（方建新，2013；章玲等，2013；章玲等，2014；胡殿刚等，2015；袁丹丹，2017）。

对于广义的可再生能源发电绩效，学者们在具体概念的界定上侧重点有所不同，但是通常来讲，广义的可再生能源发电绩效不仅需要考虑新能源发电技术和由此产生的经济效益，还需要考虑新能源在发电过程中对周边生态、环境和社会系统所带来的影响。

1.2.2.2 可再生能源潜力

可再生能源的潜力也是当前关于可再生能源研究的一个重要方面。基于不同的视角，可再生能源潜力的相关概念也呈现出多元化的局面，衍生出了理论潜力、地理潜力、技术潜力、实际潜力、可实现潜力、技术—经济潜力、经济潜力、开发潜力、需求潜力、市场潜力等概念（Verbruggen et al.，2010；Farooq & Kumar，2013）。通过整理学者们对可再生能源潜力相关概念的定义（Painuly，2001；Stangeland，2007；Hoogwijk & Graus，2008；Resch et al.，2008；Krewitt et al.，2008），本书对可再生能源潜力的相关概念进行了概括总结，具体见表1－1。

表1－1 可再生能源潜力的相关概念

概念	内容
理论潜力（theoretical potential）	理论潜力是最高层次的可再生能源潜力，这种潜力是由自然和气候状况决定的（Hoogwijk & Graus，2008；Resch et al.，2008），是资源中含有的总的能源物理量（Stangeland，2007），理论潜力可以精确测度，但数据信息的实用性不大（Krewitt et al.，2008）
地理潜力（geographic potential）	地理潜力是受到地理位置因素限制的理论潜力，地理位置要适合安装相应的技术与装备（Hoogwijk & Graus，2008；Krewitt et al.，2008）
技术潜力（technical potential）	技术潜力是通过使用可行的技术，并同时考虑可再生能源转换效率的地理潜力（Hoogwijk & Graus，2008），是用当前的技术来进行利用的能源量（Stangeland，2007）。技术潜力考虑了地理因素、技术因素及结构因素的限制，必须用动态的观点来评估技术潜力（Resch et al.，2008），随着能源转换效率技术的进步，技术潜力会随着时间而变化（Krewitt et al.，2008）
实际潜力（realistic potential）	考虑了诸如社会接受程度、环境因素和地区冲突等阻碍因素后可以实际利用的能源量（Stangeland，2007）
可实现潜力（realizable potential）	在一定时期内可以变为现实的能源，这种潜力取决于经济条件和全球市场生产能力（Stangeland，2007），可实现潜力是假定所有的阻碍因素被克服，而且所有的驱动因素都被激活之后可以实现的最大潜力，同样也必须以动态的观点来评估可实现潜力（Resch et al.，2008）
技术—经济潜力	通过进行具有市场竞争力的技术可行性和经济可行性分析之后可利用的潜力（Painuly，2001）
经济潜力（economic potential）	经济潜力是考虑成本水平竞争性的可开发的技术潜力（Hoogwijk & Graus，2008；Krewitt et al.，2008）

续表

概念	内容
开发潜力（deployment potential）	开发潜力是在预定义的框架条件下，可再生能源技术的市场潜力。开发潜力的大小取决于当前供应系统的结构、能源需求的增长以及合理的能源政策目标和工具（Krewitt et al.，2008）
需求潜力（demand potential）	随着可再生能源竞争的加剧，未来经济潜力可能会超过能源需求，这种情况下，可再生能源的需求潜力就受到能源需求的限制（Krewitt et al.，2008）
市场潜力（market potential）	考虑能源需求、技术竞争、可再生能源的成本与补贴，以及各种阻碍因素之后进入市场的可再生能源总量（Hoogwijk & Graus，2008）

目前，大部分研究中关于可再生能源潜力的概念都是基于世界能源理事会1994年报告以及胡克和格拉斯（Hoogwijk & Graus，2008）的研究提出来的。佩努利（Painuly，2001）基于市场失真，将可再生能源潜力概括为技术—经济潜力和经济潜力。博伊尔（Boyle，2004）用总体潜力、技术潜力、实际潜力和经济潜力来表示可再生能源的潜力。雷希等（Resch et al.，2008）在研究中则将可再生能源潜力概括为理论潜力、技术潜力和经济潜力。而更多的学者使用地理潜力、技术潜力和经济潜力来解释可再生能源潜力的概念（Vries et al.，2007；Farooq & Kumar，2013；Sliz-Szkliniarz，2013）。

有学者根据相关约束条件和理论模型，对可再生能源的开发利用和需求潜力进行了一些探索性的预测研究（付娟等，2010；汪哲荪等，2010；沈时兴等，2010；范英等，2011）。实际上，无论从哪个视角来看，可再生能源潜力就是指可再生能源每年能够提供的能源总量。根据这种潜力所受到的限制因素的不同，才衍生出各种不同的可再生能源潜力的相关概念。通常来讲，可再生能源潜力会受到三个因素的限制：地理因素、技术因素和经济因素。可再生能源潜力必须同时考虑这三个方面的因素，是使用成熟的商业化的技术可获得的可用的可再生能源。

1.2.2.3 可再生能源的可持续性

从可持续发展的角度来对可再生能源的开发利用绩效进行研究也是相关研究的一大趋势。

能源安全、环境保护和经济发展（3E）是各国制定能源政策要实现的三大目标（International Energy Agency，2004；魏一鸣等，2005）。能源的可持续性不仅仅是要持续地满足对能源的需求，而且能源的生产和使用应该保证人类社会和生态系统之间的平衡，而可再生能源的潜力就是可供人类开发利用的可再生能源资源（Stambouli，2011）。因此，可再生能源的可持续性体现为可再生能源的开发利用需要同时满足能源安全、环境保护和经济发展这三大目标（Shen et al.，2010），保持经济增长、环境保护和社会发展三者之间的协调统一（Liu，2014），同时考虑资源、环境、经济和社会等多个方面的综合效益（Troldborg et al.，2014），实现资源、环境、经济和社会的和谐与可持续发展。

1.2.2.4 可再生能源开发利用绩效

与可再生能源发电绩效概念相同的是，可再生能源的开发利用绩效也可以分为狭义的开发利用绩效和广义的开发利用绩效。从狭义的角度来看，可以用可再生能源的利用量与资源量之间的关系来表征可再生能源的利用效率和利用程度（Hepbasli，2008），这是从技术发展的角度来表征可再生能源的开发利用绩效。从广义的角度来看，基于生命周期理论和生态足迹理论，也可以从环境影响和经济成本等方面对能源的利用绩效进行概括（Hadian & Madani，2015），这种观点实际上从更加广阔的视角，认为可再生能源的利用绩效是指在可再生能源进行开发利用的全过程中，不仅要以最小的成本实现资源的最大化利用，而且要将环境影响（包括用水、用地和碳排放）控制在最小范围内。

综合前人对可再生能源开发利用绩效相关概念的理解，本书从可持续发展的视角出发，认为可再生能源开发利用绩效就是在考虑自然、地理、经济、技术等条件的情况下可再生能源开发利用的投入与产出效率，以及开发利用过程中对社会和环境带来的外部性影响。其内涵应该包括以下内容。

（1）经济性。通过开发可再生能源获取的能源产品与服务从成本上来讲，必须是能够产生经济效益的，或者是在未来能够产生经济效益的。只有产生一定的经济效益，可再生能源的开发利用才具有生命力。

（2）长期性。由于可再生能源需要巨大的投资，而且投资回报周期长，因而对可再生能源的开发利用必须是长期和持续性的，才能够提供可靠的能源产品与服务，从而产生经济上的回报。

（3）技术性。由于可再生能源的能源密度较低，开发利用受自然条件影响大，必须依赖于一定的技术才能对其进行开发利用。随着技术的不断进步和成熟，更多的技术能够用于克服各种制约因素对可再生能源开发的限制，进而提升可再生能源开发利用的效率和规模。

（4）社会性。对可再生能源的开发利用需要社会的支持，尤其是需要政府在政策上的支持与鼓励。同时，可再生能源的发展也可以创造更多的就业岗位，为社会提供更为丰富和清洁的能源产品与服务。

（5）环保性。作为新兴能源，不仅要求能源本身清洁环保，而且要求能源生产的过程也要力图实现对生态环境影响的最小化，以绿色的方式为社会提供绿色能源。

1.3 研究目标与内容

1.3.1 研究目标

本书旨在从可持续发展的视角出发，对可再生能源的开发利用绩效及可再生能源产业发展的影响因素进行研究。在前人关于可再生能源开发利用绩效研究的基础上，明确可再生能源开发利用绩效的内涵，构建可再生能源开发利用绩效的评价指标体系，并对世界几个主要国家的可再生能源开发利用绩效进行实证和比较研究，以明确可再生能源的发展状况。同时，通过SWOT分析，筛选出影响中国可再生能源产业发展的主要因素，在此基础上，使用Fuzzy-DEMATEL模型来对这些影响因素进行因果关系分析，找出影响可再生能源产业发展的关键因素，从而针对性地提出可再生能源发展的对策建议，为国家制定可再生能源的相关政策提供决策依据，为中国可再生能源产业的发展指明方向。

1.3.2 研究内容

（1）可再生能源开发利用绩效的概念界定。通过对现有研究中可再生能源开发利用绩效的相关概念进行梳理，包括可再生能源的利用绩效、发电绩效、潜力、可持续性等，明确可再生能源开发利用绩效的基本内涵，为可再生能源开发利用绩效评价研究奠定理论基础。

（2）可再生能源开发利用绩效评价指标体系的构建。可再生能源的开发利用绩效是一个多维概念，涉及多个方面。基于可再生能源开发利用绩效的相关概念，并在前人研究的基础上，本书将从可持续发展的视角出发，从资源、经济、技术、社会以及环境等方面，研究建立可再生能源开发利用绩效评价框架，并据此遴选相应的评价指标，进而建立可再生能源开发利用绩效评价指标体系。

（3）世界主要国家可再生能源开发利用绩效评价。在可再生能源开发利用绩效评价指标体系的基础上，本书将对多种评价方法进行集成，提出适合可再生能源开发利用绩效评价的集成评价模型，并运用该方法对中国及其他几个国家的可再生能源开发利用绩效进行实证研究，以了解中国可再生能源的开发利用情况及其在世界上所处的位置，明确中国可再生能源发展的优势和不足，提出改进的方向和建议。

（4）可再生能源发展产业关键影响因素的识别。可再生能源产业的发展会受到多方面因素的影响，因而本书会通过文献分析与专家调查，利用SWOT分析工具，识别出可再生能源产业发展的主要影响因素。为了明确不同影响因素之间的相互关系，以及不同的影响因素对可再生能源产业发展影响作用的大小，本书将模糊集理论（fuzzy set theory）和决策试验与评价试验室（decision making trial and evaluation laboratory，DEMATEL）相结合，对可再生能源发展的主要因素进行因果关系分析，从而找出影响中国可再生能源产业发展的关键因素。

（5）中国可再生能源产业发展政策建议。根据可再生能源开发利用绩效评价和影响因素分析的结果，同时，借鉴和比较国外发达国家的可再生能源产业发展经验，指出中国可再生能源产业发展的优势与不足，从而提出更加具有针对性的可再生能源产业发展措施与政策，为中国可再生能源产业的发展提供相应的政策建议，为政府的相关决策提供参考。

1.4 研究方法与技术路线

1.4.1 研究方法

（1）文献研究法。利用学校图书馆、电子数据库及相关研究报告，搜集大量可再生能源开发利用绩效评价及可再生能源产业影响因素相关的国内外最新文献。运用演绎归纳的方法，对前人的相关研究成果进行总结，明确可再生能源开发利用绩效的相关概念，并对可再生能源开发利用绩效评价指标及研究方法、影响可再生能源产业发展的主要因素及不同因素之间的相互关系进行归纳总结，研究建立可再生能源开发利用评价指标体系和影响可再生能源产业发展的因素集。

（2）集成评价方法。由于可再生能源的开发利用绩效涉及多个方面，具有明显的多维性和不确定性，是一个多准则决策问题，因此，本书将考虑使用多准则决策方法来对可再生能源的开发利用绩效进行评价。然而，每种评价方法都有自己的缺陷和不足，因此，本书将结合使用加速遗传算法、层次分析法、熵值法、TOPSIS 方法和 PROMETHEE 方法，构成集成评价模型。

（3）Fuzzy DEMATEL 模型。可再生能源产业的发展受到多方面因素的影响，不同的因素对可再生能源产业发展的影响大小和方式都不同，而且因素彼此之间也存在相互影响。决策试验与评价试验室通过将定性的关系进行定量化描述，适用于对不同要素之间的相互关系进行分析，而模糊集理论可以对不确定性的变量进行更加科学合理的描述，因此本书将这两种方法进行结合，对可再生能源产业的影响因素进行因果关系分析，从中识别出影响可再生能源产业发展的关键要素。

1.4.2 技术路线

本书的研究技术路线如图 1－1 所示。

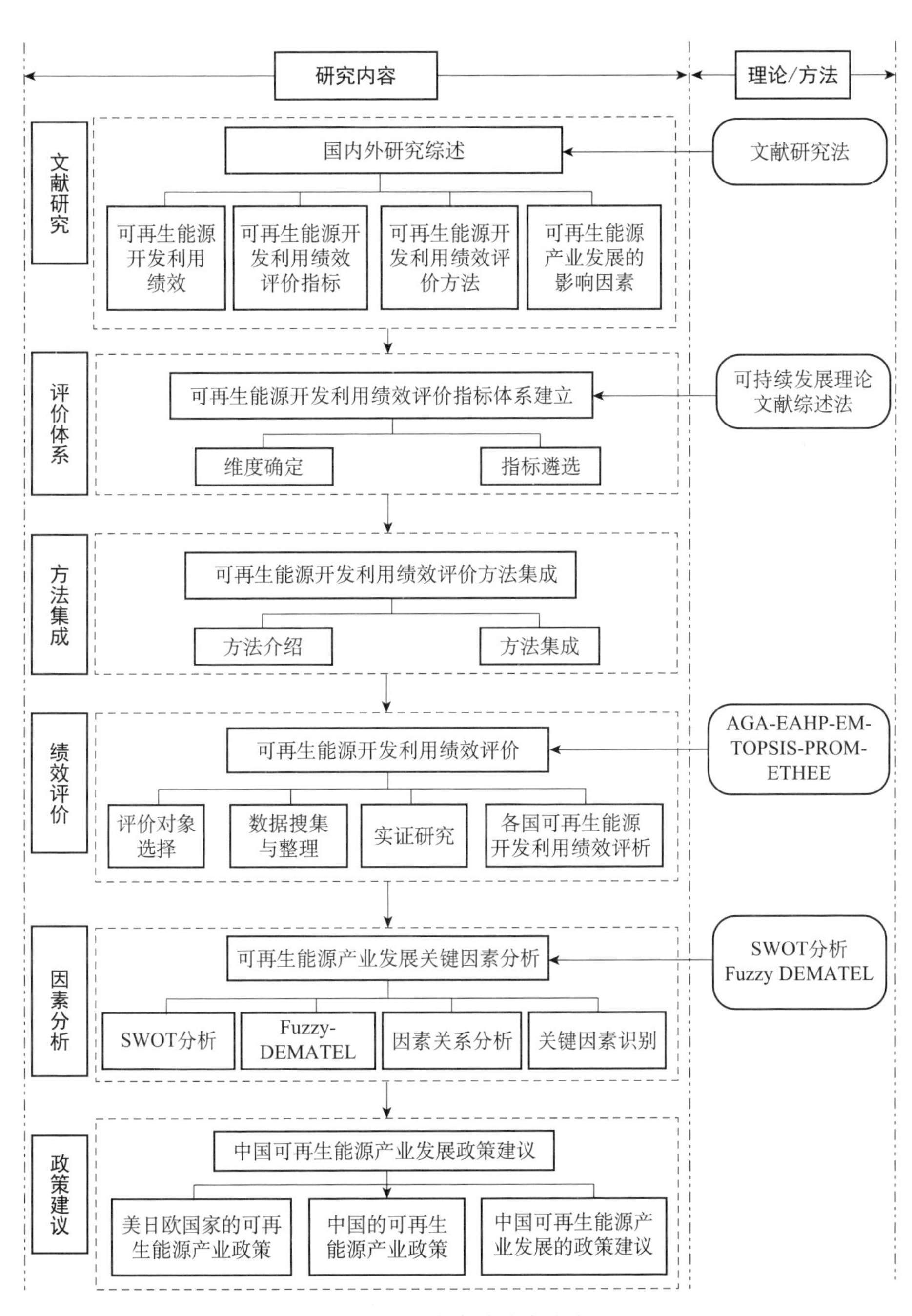

研究内容
理论/方法
文献研究
国内外研究综述
文献研究法
可再生能源开发利用绩效
可再生能源开发利用绩效评价指标
可再生能源开发利用绩效评价方法
可再生能源产业发展的影响因素
评价体系
可再生能源开发利用绩效评价指标体系建立
可持续发展理论
文献综述法
维度确定
指标遴选
方法集成
可再生能源开发利用绩效评价方法集成
方法介绍
方法集成
绩效评价
可再生能源开发利用绩效评价
AGA-EAHP-EM-TOPSIS-PROMETHEE
评价对象选择
数据搜集与整理
实证研究
各国可再生能源开发利用绩效评析
因素分析
可再生能源产业发展关键因素分析
SWOT分析
Fuzzy DEMATEL
SWOT分析
Fuzzy-DEMATEL
因素关系分析
关键因素识别
政策建议
中国可再生能源产业发展政策建议
美日欧国家的可再生能源产业政策
中国的可再生能源产业政策
中国可再生能源产业发展的政策建议

图1-1　本书的技术路线

第 2 章

国内外研究综述

通过对国内外相关文献和研究资料进行回顾和整理，发现国内外关于可再生能源开发利用的研究主要集中在可再生能源的发展现状与趋势分析、政策研究、法律保障、发展战略等方面，对可再生能源的开发利用绩效研究不多。可再生能源产业的发展受到诸多因素的影响，不同的因素之间存在相互影响的关系，对可再生能源产业发展的影响程度也不同，也需要对相关的研究进行梳理和整合。因此，本书将从可再生能源开发利用绩效的评价内容、评价指标与方法，以及可再生能源产业发展的影响因素等方面来对现有的国内外相关研究成果进行综述。

2.1 可再生能源潜力评价研究

对可再生能源潜力评价的研究主要集中在理论潜力和地理潜力方面。理论潜力是最高层次的可再生能源潜力，这种潜力是由自然和气候状况决定的（Hoogwijk & Graus，2008；Resch et al.，2008），是资源中含有的总的能源物理量（Stangeland，2007），理论潜力可以精确地测度，但数据信息的实用性不大（Krewitt et al.，2008）；地理潜力则是受到地理位置因素限制的理论潜力，地理位置要适合安装相应的技术与装备（Hoogwijk & Graus，2008；Krewitt et al.，2008）。因此，对可再生能源的理论潜力和地理潜力的评价主要是基于气象数据和地理信息系统搜集到的相关数据。

当前，世界范围内具有很多种可再生能源技术和资源，雷希等（Resch et al.，2008）对世界范围内可再生能源潜力和前景进行了分析，并对主要区域或者国家的可再生能源资源状况、总体能源系统框架及政策框架进行评价，并对中长期内的技术前景进行了预测。

非洲是全球能源贫困最为严重的地区，同时也是全球可再生能源最为丰富的地区之一，除了太阳能和风能之外，非洲还分布有大量的植物，可以作为生物质能进行开发利用（Kibazohi & Sangwan，2011；Sweerts et al.，2019）。肯尼亚地处赤道附近，拥有丰富的太阳能、水能和热带雨林资源，可以提供丰富的可再生能源，但当地进口石油超过石油消费量的一半，全国只有18%的家庭能够使用电力，对可再生能源进行合理开发对于解决当期的能源贫困问题具有重大意义（Kiplagat et al.，2011）。位于西非的马里、尼日利亚、加纳、阿尔及利亚等国不仅在传统的化石能源方面拥有优势，同时也拥有丰富的风能、太阳能和生物质能，同当前的石油价格相比，可再生能源在经济性和环保性方面越来越具有吸引力，可以增加当地的电力供应，改善能源贫困的局面（Nygaard et al.，2010；Mohammed et al.，2013；Shaaban & Petinrin，2014；Gyamfi et al.，2015；Harrouz et al.，2017）。地处非洲东北部“非洲屋脊”的埃塞俄比亚，则拥有丰富的太阳能、风能和水能（Tucho et al.，2014）。而同样位于北非的大西洋沿岸国家摩洛哥高度依赖进口能源供应，国内的太阳能、风能资源非常丰富，而且潮汐能也具有一定的开发潜力，在一定程度上可以改善国家能源安全（Sierra et al.，2016）。

在中东和西亚地区，当地不仅拥有丰富的油气资源，而且在风能、太阳能等可再生能源方面也有着非常优越的禀赋。位于阿拉伯半岛东部的阿曼，除了油气资源外，风能、太阳能、生物质能、波能和地热能等可再生能源的资源潜力都比较好（Al-Badi et al.，2009）。西亚国家约旦油气资源和水资源缺乏，然而日照条件好，风能资源丰富，有学者通过对风速和太阳辐射量进行统计学分析，获得风速和太阳辐射数据，对约旦的风能和太阳能的资源潜力进行了直接评价（Anagreh et al.，2010；Anagreh & Bataineh，2011）。法泽普尔等（Fazelpour et al.，2015）使用韦布尔概率分布函数对风速进行了分析，基于此来对伊朗北部两个城市的风能潜力进行了评估。地中海东北岸的土耳其在水能、风能、太阳能、地热能和生物质能方面也拥有不错的潜力（Baris & Kucukali，2012；Basaran et al.，2015；Kaygusuz & Toklu，2016；Toklu，2017）。近年来，利用生活垃圾进行生物质能发电也逐渐普及开来，有学者对土耳其、沙特阿拉伯的垃圾发电潜力进行了深入研究（Baran et al.，2016；Ouda et al.，2016；Nizami et al.，2017）。

南亚地区也拥有丰富的太阳能、风能、水能和生物质能。基于碳减排的背景，印度丰富的可再生能源潜力对碳减排具有极大的促进作用（Garg & Kumar，2000）。孟加拉国的可再生能源，尤其是生物质能，在满足农村和边远地区的电力需求方面能够发挥巨大的作用。因此，有学者基于气象数据，对孟加拉国的可再生能源的开发利用及资源潜力进行了评价（Hossain & Badr，2007），或使用地理信息系统、美国宇航局的地表气象信息及太阳辐射信息数据，建立可再生电力混合系统优化模型，对孟加拉国的太阳能、风能、生物质能、水能等可再生能源的发电潜力进行了度量（Mondal & Denich，2010），并指明了未来可再生能源的利用方式（Ahmed et al.，2014）。巴基斯坦目前在能源部门以及能源进口选择等方面都面临着一系列的问题，水能、太阳能、煤炭、核能、氢电池、地热能、海洋能和生物质能等可再生能源对于解决这些问题具有一定的帮助作用（Mahmood et al.，2014）。

东亚和东南亚地区在太阳能、风能、海洋能、生物质能的开发利用方面取得了比较好的效果。中国台湾的太阳能、风能、生物质能、波能、潮汐能、地热能和水能等可再生能源都已经发展得比较成熟和商业化，这些可再生能源资源量的评估结果显示，中国台湾的风能最丰富，其次是太阳能、生物质能和海洋能、地热能和水能（Chen et al.，2010）。由于特殊的地理位置，东南亚地区的海洋可再生能源潜力也比较丰富，有学者对东南亚地区利用海洋可再生能源的政策进行了评估，从研发、资源潜力、技术、政策等方面，对东南亚地区海洋可再生能源资源潜力和开发利用状况进行描述（Quirapas et al.，2015）。此外，这一地区陆上的可再生能源同样丰富，风能、水能、太阳能开发潜力较好（Izadyar et al.，2016），而以油棕为代表的能源作物的广泛分布可以为生物质能的发展提供更多的资源（Loh，2017）。

欧洲在发展可再生能源方面一直位于世界领先地位，尤其是在风能、太阳能和生物质能领域（Klessmann et al.，2011；Connolly et al.，2016）。因此，不少学者对欧洲国家的可再生能源潜力进行了分析。欧洲大部分国家能源供应高度依赖进口，而发展基于农作物秸秆、林木的固体生物质能源在一定程度上可以增加本地能源供应（Egnell et al.，2011；Monforti et al.，2013；Paiano & Lagioia，2016；Bilandzija et al.，2018）。克罗地亚的生物质能、太阳能、风能、水能及地热能的开发潜力较好，但开发利用的可行性却受到一系列因素限制（Pekez et al.，2016）。位于大西洋东岸和地中海西北部的西班牙分布有丰富的生物质能、太阳能和风能（Ruiz-Arias et al.，2012）。

美国是能源生产大国，不管是传统的油气资源，还是新兴的页岩油和页岩气资源，美国都占有很大的优势，因而在世界范围内，美国可再生能源的开发显得比较滞后，尤其是可再生能源发电在经济、操作、监管、可持续性以及技术方面都遇到了不小的挑战（Osmani et al.，2013）。地理信息系统的分析结果显示，位于南美洲的阿根廷，风能、水能和生物质能三种可再生能源的潜力也比较丰富（Sigal et al.，2014；Roberts et al.，2015）。

除了理论潜力和地理潜力外，研究中还存在技术潜力和经济潜力的概念。技术潜力是通过使用可行的技术，并同时考虑可再生能源转换效率的地理潜力（Hoogwijk & Graus，2008），是用当前的技术可以进行利用的能源量（Stangeland，2007）。技术潜力考虑了地理因素、技术因素及结构因素的限制，必须用动态的观点来评估技术潜力（Resch et al.，2008），随着能源转换效率技术的进步，技术潜力会随着时间而变化（Krewitt et al.，2008）；而经济潜力是考虑成本水平竞争性的、可开发的技术潜力（Hoogwijk & Graus，2008；Krewitt et al.，2008）。

技术潜力和经济潜力会受到地理因素、技术因素、社会因素、经济因素等一系列因素的制约。法鲁克和卡马尔（Farooq & Kumar，2013）基于一系列的假设，对太阳能、生物质能、风能和小型水电等可再生能源的地理潜力、技术潜力和经济潜力进行了评价。史莱姆－斯库里尼亚兹（Sliz-Szkliniarz，2013）识别了可再生能源发展的地理和社会—政治阻碍，并考虑了土地占用和环境保护等因素，评价了生物质能、风能和太阳能三种可再生能源的地理、技术和经济潜力。

也有学者基于可再生能源的开发利用，对可再生能源的资源潜力进行了研究。萨希尔与克雷西（Sahir & Qureshi，2008）从装机容量和发电量两个方面对巴基斯坦的太阳能、风能、生物质能及其他可再生能源的潜力进行了评价。斯塔姆布林（Stambouli，2011）在研究中对阿尔及利亚可再生能源的可持续性进行了研究，对太阳能、风能、水电、地热能、生物质能五种可再生能源的潜力进行了评价。尤克塞尔（Yuksel，2013）、本利（Benli，2013）对土耳其可再生能源的开发利用在发电和可持续能源发展方面的潜力进行了分析。巴萨兰等（Basaran et al.，2015）将土耳其与欧盟的太阳能和风能潜力及发电量进行了比较。巴里斯和库库卡利（Baris & Kucukali，2012）认为生物质能是土耳其最具发展潜力的可再生能源；托克鲁（Toklu，2017）则对土耳其的生物质能发展潜力进行了评估。乌达等（Ouda et al.，2016）和巴兰等（Baran et al.，2016）分别对沙特阿拉伯和土耳其在垃圾发电方面的潜力进行了分析。格里戈拉斯和斯卡勒塔奇（Grigoras & Scarlatache，2015）使用基于数据挖掘的 K－均值聚类算法，根据可再生能源发电站相关运行数据，对罗马尼亚可再生能源的潜力进行了评价。塞拉等（Sierra et al.，2016）基于数值模拟，对摩洛哥在大西洋沿岸的 23 个观测点进行模拟，对摩洛哥的波能潜力进行了评价。

2.2 可再生能源开发利用绩效的评价指标

在对可再生能源开发利用绩效的评价研究中，学者们涉及的评价准则基本上包括：能源绩效、技术可行性、经济效益、环境效益、社会效益、政策法律等方面。学者们从多个方面提出了可再生能源开发利用的指标，并构成了评价指标体系，对可再生能源的开发利用状况进行了研究。

2.2.1　能源（资源）绩效指标

可再生能源在全球范围内分布广泛，而对可再生能源进行开发的首要目的是获取能源，满足世界范围内快速增长的能源需求。因此，学者们在对可再生能源的开发利用进行评价时，能源绩效或者发电绩效是学者们经常会涉及的内容。能源绩效或者发电绩效方面的指标通常包括：可再生能源资源量、可利用量、再生能力、装机容量、发电量、能源价格、能源供给、能源转换效率、发电稳定性及与居民中心距离等指标，具体见表 2－1。

表 2－1　　可再生能源的能源绩效指标汇总

指标	文献
可再生能源资源量、可利用量	娄伟和李萌（2010）；蔡立亚等（2013）；德奥利维拉和特林达德（de Oliveira & Trindade，2018）
资源再生能力	娄伟和李萌（2010）
装机容量、发电量	埃尔多杜（Erdogdu，2009）；阿里巴斯等（Arribas et al.，2010）；蔡立亚等（2013）；白玉红（2013）；库玛和苏达卡（Kumar & Sudhakar，2015）；袁丹丹（2017）；董福贵等（2018）
能源供给	沈等（Shen et al.，2010）；娄伟和李萌（2010）
能源价格	沈等（Shen et al.，2010）；德奥利维拉和特林达德（de Oliveira & Trindade，2018）
能源投入与能源产出、投资回收期	王伯春（2004）；瓦伦等（Varun et al.，2009）；袁丹丹（2017）
能源转换效率	卡利斯坎等（Caliskan et al.，2013）
发电稳定性	沈等（Shen et al.，2010）；娄伟和李萌（2010）

2.2.2　技术绩效指标

可再生能源由于能源密度低，要对其进行开发利用，并提高利用效率，技术是关键，所以技术绩效也是学者们评价可再生能源开发利用效率的一个方面。技术绩效方面的指标主要包括：能源加工转换效率、技术成熟度、技术发展前景、项目运行可维护性、技术发展阶段、技术效率、安全性等，具体见表2-2。

表2-2　　可再生能源的技术绩效指标汇总

指标	文献
热效率	侯赛尼等（Hosseini et al.，2005）
功率	侯赛尼等（Hosseini et al.，2005）
能源加工转换效率	陈栋（2012）；白玉红（2013）；库玛和苏达卡（Kumar & Sudhakar，2015）
技术成熟度	陈栋（2012）；白玉红（2013）；库玛和苏达卡（Kumar & Sudhakar，2015）
技术发展前景	赵中华（2007）
项目运行可维护性	赵中华（2007）
能源供给	赵中华（2007）；库玛和苏达卡（Kumar & Sudhakar，2015）
技术发展阶段	赵中华（2007）
安全性	章玲等（2013）；方建鑫（2013）；吴等（Wu et al.，2018）
技术效率	章玲等（2013）；方建鑫（2013）；库玛和苏达卡（Kumar & Sudhakar，2015）；吴等（Wu et al.，2018）
项目生命周期	德奥利维拉和特林达德（de Oliveira & Trindade，2018）
土地占用率	德奥利维拉和特林达德（de Oliveira & Trindade，2018）

2.2.3　经济绩效指标

对可再生能源进行开发利用需要比较大的资金投入，开发利用的成本通常会比传统能源高，因而对可再生能源进行开发利用必须从经济方面进行可行性论证。现有研究中的经济效益指标包括：成本、投资、收益、商业化潜力、市场规模、投资回报率、内部收益率、投资回收期、经济发展等。可再生能源的经济绩效指标汇总见表2-3。

表2-3　　可再生能源的经济绩效指标汇总

指标	文献
发电成本、生命周期成本、净现值成本	拜恩等（Byrne et al.，2007）；赵中华（2007）；埃尔多杜（Erdogdu，2009）；瓦伦等（Varun et al.，2009）；陈栋（2012）；奥斯马尼等（Osmani et al.，2013）；白玉红（2013）；章玲等（2013）；方建鑫（2013）；刘（Liu，2014）；洪等（Hong et al.，2014）；卡林奇等（Kalinci et al.，2014）；哈甸和马达尼（Hadian & Madani，2015）；侯赛因等（Hossain et al.，2017）；德奥利维拉和特林达德（de Oliveira & Trindade，2018）；卡鲁桑瑞吉等（Kaluthanthrige et al.，2019）

续表

指标	文献
经济发展	沈等（Shen et al., 2010）
增加就业	沈等（Shen et al., 2010）
技术成熟度	沈等（Shen et al., 2010）
商业化潜力	沈等（Shen et al., 2010）；曾等（Zeng et al., 2019）
市场规模	沈等（Shen et al., 2010）
投资成本合理性	沈等（Shen et al., 2010）
投资回报率	刘（Liu, 2014）；侯赛因等（Hossain et al., 2017）
投资回收期	刘（Liu, 2014）；德奥利维拉和特林达德（de Oliveira & Trindade, 2018）；吴等（Wu et al., 2018）
内部收益率	赵中华（2007）
费用与收益、投入与产出	王伯春（2004）；娄伟和李萌（2010）
装机容量、发电量	陈栋（2012）；白玉红（2013）；佐格拉夫等（Zografidou et al., 2015）；库玛和苏达卡（Kumar & Sudhakar, 2015）
投资比例	佐格拉夫等（Zografidou et al., 2015）；吴等（Wu et al., 2018）；曾等（Zeng et al., 2019）
运营与维护成本	章玲等（2013）；方建鑫（2013）；佐格拉夫等（Zografidou et al., 2015）；袁丹丹（2017）；董福贵等（2018）；吴等（Wu et al., 2018）；曾等（Zeng et al., 2019）
运行时间	佐格拉夫等（Zografidou et al., 2015）；吴等（Wu et al., 2018）
技术创新能力	娄伟和李萌（2010）
能源替代需求	娄伟和李萌（2010）
能源替代收益	袁丹丹（2017）；董福贵等（2018）；曾等（Zeng et al., 2019）

2.2.4 环境绩效指标

可再生能源区别于传统化石能源的最大特点在于低污染、低排放，但可再生能源的开发利用并非完全清洁的，也会耗费一定的资源，对环境产生一定的干扰。从环境保护的角度对可再生能源的开发利用绩效进行评价一直是学者们开展研究的重点，可再生能源开发利用的环境绩效指标包括：水资源消耗、土地占用、温室气体排放、硫化物排放、氮化物排放、光化学臭氧合成、臭氧层消耗、酸化、富营养化、生物多样性、废水、废气、固体废弃物、烟尘及各种资源消耗等。可再生能源开发利用的环境绩效指标汇总见表2－4。

表2－4　　　　可再生能源的环境绩效指标汇总

指标	文献
非生物资源消耗	王伯春（2004）；刘等（Liu et al.，2012）；德奥利维拉和特林达德（de Oliveira & Trindade，2018）
可更新资源消耗	王伯春（2004）；奥斯马尼等（Osmani et al.，2013）；阿斯德鲁巴里等（Asdrubali et al.，2015）；哈甸和马达尼（Hadian & Madani，2015）；德奥利维拉和特林达德（de Oliveira & Trindade，2018）
土地占用	沈等（Shen et al. 2010）；刘等（Liu et al.，2012）；章玲等（2013）；方建鑫（2013）；阿斯德鲁巴里等（Asdrubali et al.，2015）；哈甸和马达尼（Hadian & Madani，2015）；吴等（Wu et al.，2018）
气候变化与低碳经济影响	王伯春（2004）；赵中华（2007）；阿凯拉等（Akella et al.，2009）；瓦伦等（Varun et al.，2009）；娄伟和李萌（2010）；沈等（Shen et al.，2010）；刘等（Liu et al.，2012）；陈栋（2012）；奥斯马尼等（Osmani et al.，2013）；白玉红（2013）；章玲等（2013）；方建鑫（2013）；卡利斯坎等（Caliskan et al.，2013）；刘（Liu，2014）；洪等（Hong et al.，2014）；哈甸和马达尼（Hadian & Madani，2015）；阿斯德鲁巴里等（Asdrubali et al.，2015）；佐格拉夫等（Zografidou et al.，2015）；侯赛因等（Hossain et al.，2017）；德奥利维拉和特林达德（de Oliveira & Trindade，2018）；吴等（Wu et al.，2018）；卡鲁桑瑞吉等（Kaluthanthrige et al.，2019）；曾等（Zeng et al.，2019）
光化学臭氧合成潜力、臭氧损耗	王伯春（2004）；刘等（Liu et al.，2012）；阿斯德鲁巴里等（Asdrubali et al.，2015）；曾等（Zeng et al.，2019）
酸化潜力	王伯春（2004）；赵中华（2007）；沈等（Shen et al.，2010）；刘等（Liu et al.，2012）；刘（Liu，2014）；阿斯德鲁巴里等（Asdrubali et al.，2015）；曾等（Zeng et al.，2019）
富营养化潜力	王伯春（2004）；阿斯德鲁巴里等（Asdrubali et al.，2015）
生物多样性	奥斯马尼等（Osmani et al.，2013）；德奥利维拉和特林达德（de Oliveira & Trindade，2018）
能源效率	刘（Liu，2014）
固体、危险废弃物	王伯春（2004）；赵中华（2007）
烟尘及大气污染	王伯春（2004）；赵中华（2007）；曾等（Zeng et al.，2019）
废水排放与水污染	王伯春（2004）；赵中华（2007）
其他污染物排放	陈栋（2012）；白玉红（2013）
生态与环境保护	娄伟和李萌（2010）；沈等（Shen et al.，2010）
视听、电磁影响	吴等（Wu et al.，2018）

2.2.5 社会绩效指标

可再生能源的开发离不开社会的支持，对可再生能源进行开发需要用到一些社会资源，包括人力和财力支持，也需要政策的支持，同时，可再生能源的开发也直接服务于社会，为社会提供能源，满足当地的能源需求，并刺激社会经济，带动相关产业的发展，创造新的就业岗位，解决失业问题。现有研究中的可再生能源开发利用社会绩效指标见表2－5。

表2－5　　可再生能源的社会绩效指标汇总

指标	文献
能源安全	奥斯马尼等（Osmani et al.，2013）
满足能源需求，增加电力渠道	拜恩等（Byrne et al.，2007）；奥斯马尼等（Osmani et al.，2013）
经济刺激与创造就业	赵中华（2007）；奥斯马尼等（Osmani et al.，2013）；章玲等（2013）；方建鑫（2013）；刘（Liu，2014）；佐格拉夫等（Zografidou et al.，2015）；袁丹丹（2017）；吴等（Wu et al.，2018）；曾等（Zeng et al.，2019）
地区失业率	佐格拉夫等（Zografidou et al.，2015）
地区人均GDP	佐格拉夫等（Zografidou et al.，2015）
土地占用	奥斯马尼等（Osmani et al.，2013）；德奥利维拉和特林达德（de Oliveira & Trindade，2018）
受益居民	刘（Liu，2014）；吴等（Wu et al.，2018）
政策支持度	娄伟和李萌（2010）
市场关注度	娄伟和李萌（2010）
公众支持度	娄伟和李萌（2010）；吴等（Wu et al.，2018）；曾等（Zeng et al.，2019）
能源替代性	赵中华（2007）
可再生性	赵中华（2007）
年均上网电量	章玲等（2013）；方建鑫（2013）；袁丹丹（2017）；董福贵等（2018）
与居民中心距离	白玉红（2013）
人口迁移	德奥利维拉和特林达德（de Oliveira & Trindade，2018）
视听影响	德奥利维拉和特林达德（de Oliveira & Trindade，2018）

在现有研究中，还有一些其他指标，如发电系统的安全性、设计使用寿命、能量的稳定性等（白玉红，2013；赵中华，2007）。学者们在可再生能源开发利用方面的评价指标体系研究已经比较完善，但仍然存在一些不足之

处：第一，大多数学者的研究都只针对可再生能源开发利用绩效的某一个方面或者某些方面，综合而全面的可再生能源开发利用绩效评价指标体系设计的研究比较缺乏；第二，部分指标所隶属的维度出现了交叉，如发电量或装机容量，有的学者将其放在能源绩效中，也有学者将其放在经济绩效中，还有学者将其放在技术绩效或者社会绩效中。针对这些问题，本书力图对其进行科学的归纳和梳理，设计一个全面而合理的评价指标体系来对可再生能源的开发利用绩效进行评价。

2.3 可再生能源开发利用绩效的评价方法

学者们对可再生能源开发利用绩效或者可再生能源系统的评价研究包括定性评价和定量评价。定性评价主要是采用描述性的方法，对某国或者某地区可再生能源的开发利用状况进行描述；定量评价则是基于一定的定量分析方法，对某国或者某地区可再生能源的开发利用状况进行比较系统的分析。

2.3.1 描述性评价

由于可再生能源的来源众多，各种可再生能源的禀赋不一，发展情况不尽相同，因此，有很多学者基于各国或各地区的特殊情况，对本国或者本地区可再生能源发展的具体情况进行了详细的介绍和描述。

斯里兰卡很早之前就开始发展沼气，但是由于政府在推动沼气发展方面没有付出持续性的努力，沼气技术并没有得到大范围内的推广（de Alwis et al.，2002）。1997 年，欧盟颁布了可再生能源发展白皮书，提出到 2010 年，欧盟能源消费量中可再生能源的比例要达到 20%，为了响应欧盟的号召，欧盟多个成员国都提出了本国的可再生能源发展目标，对本国目前的可再生能源发展概况进行了评述，并分析了可再生能源的发展前景（Paska & Surma，2014）。

中国是可再生能源发展大国，同时也是碳排放大国，可再生能源的发展对碳减排具有重大作用。中国电力部门的碳排放占了全国碳排放量的一半，电力部门控制温室气体排放对于中国和世界来讲都具有重要意义。在这样的背景下，分析中国的可再生能源发展现状，对电力部门的碳减排措施进行评述，并对可再生能源未来的发展概况进行基本的预测和分析具有重要意义（Liu et al.，2011）。"十二五" 期间，中国的可再生能源发展面临着一系列的机遇与挑战，并直接影响到可再生能源产业的发展。因此，有学者对 "十二五" 期间中国可再生能源的装机容量、发电量、可再生能源的技术和经济方面取得的进展进行了总结和评价（Hong et al.，2013）。

也有学者专门针对某一项可再生能源技术的发展对经济、社会或环境可能产生的影响进行了描述。楚索斯等（Tsoutsos et al.，2005）对太阳能发电项目在建设、安装、运行及拆除阶段产生的噪声污染、光污染、温室气体排放、水及土地污染、能源消耗、劳动事故、对考古遗址或者脆弱的生态系统的影响进行了全面的评述。

2.3.2　定量化评价

使用定量方法对可再生能源的开发利用绩效或者可再生能源系统进行评价的研究通常包括单目标评价和多目标评价，涉及的评价目标包括技术效益、经济效益、环境效益和社会效益等多个方面，更多的研究是进行多目标综合评价。

在单目标评价方面，经济性是评估可再生能源项目是否可行的一个重要方面，尤其是在对能源系统的评价中，经常会涉及混合能源系统，经济性是学者们经常考虑的要素（Rozakis et al.，1997；Erdogdu，2009；Arribas et al.，2010；Liu et al.，2013；Kumar & Sudhakar，2015）。可再生能源项目的主要目的是发电，学者们在对可再生能源的开发利用进行评价时通常将发电绩效作为一个重要标准（蔡力亚等，2013；袁丹丹，2017）。基于气象信息和地理信息，对可再生能源开发利用的绩效进行研究也是一大趋势（刘光旭等，2010；Guggenberger et al.，2013）。

更多的学者研究的是可再生能源技术或者系统对资源、环境、经济、社会等方面的影响。

可再生能源并非完全清洁、无污染的，环境影响是可再生能源有别于其他能源的重要方面。因此，有很多学者专门研究了可再生能源发展对环境的影响。太阳能的大规模使用会带来一定的环境问题（Kaygusuz，2009），水电建设也会对河流的生态系统带来一定的影响（Chen et al.，2015）。因此，需要研究可再生能源对气候变化的影响，可再生能源系统的敏感性以及适应能力，建立可再生能源脆弱性的评价指标体系，对可再生能源脆弱性的特征进行分析（Chen et al.，2014）。有学者对31个OECD国家可再生能源的静态和动态环境效率进行了测算（Woo et al.，2015）。也有学者基于生命周期理论，建立了可再生能源系统环境影响的评价指标体系，来对可再生能源系统对生态环境的影响进行全面评估（Liu et al.，2012；Asdrubali et al.，2015）。

在多目标评价方面，学者们从多个方面对可再生能源的开发利用绩效或可再生能源系统的可持续性或者绩效进行了评价。

在可持续发展越来越受到重视的今天，可再生能源技术和可再生能源系统的可持续性是学者和政策制定者关注的焦点。有学者将可再生能源的开发利用看作是一个复杂系统（Forsberg，2009），从这一视角出发来对可再生能源系统的可持续性进行评价。能源、环境与经济三大目标（3E目标）是发展可再生能源时应该考虑的主要目标（Shen et al.，2010）。因此，有学者提出了新能源系统的能源、环境和经济的评价模型（王伯春，2004）。在这三个目标中，环境目标是发展可再生能源最重要的目标，其次才是经济目标和能源目标。为了实现3E目标，水能、太阳能和风能被认为是最佳的能源选择（Shen et al.，2010），也有评价结果认为风能和小水电的综合可持续性比太阳能光伏发电和集热发电系统更好（Varun et al.，2009）。

从可持续发展的内涵出发，经济、环境和社会是可持续发展评估框架中的重要目标，可再生能源系统的可持续性应该是可再生能源的发展要保持经济增长、环境保护和社会发展三者之间的协调统一（Liu，2014）。基于此，有学者从经济增长、环境保护和社会发展三个方面研究讨论了可再生能源发展或可再生能源系统的可持续性评价框架（Dimitrijevic & Salihbegovic，2012；

Osmani et al. , 2013；Liu，2014），并针对具体研究对象，设置了不同的可再生能源比例情景，对可再生能源系统的可持续性效果进行模拟预测（Dimitrijevic & Salihbegovic，2012）。基于以上视角和维度，也有学者从能源资源、环境容量、社会因素和经济因素等方面选取了可再生能源系统可持续性的评价指标，并使用数学方法将这些指标和维度整合为一个可持续性指数，以此来对可再生能源开发利用的可持续性进行评价（Afgan & Carvalho，2002；娄伟和李萌，2010），或者基于数学模型，使用这些指标对可再生能源的发展效率展开评价（Zeng et al. , 2019），并以具体对象开展了案例分析。

虽然可再生能源区别于传统能源的重要特征是环境友好性，但同时也必须要考虑到可再生能源的发展在经济上和技术上是否可行。因此，在多目标评价中，学者们考虑更多的是可再生能源的环境效益、经济效益和技术效益。

基于可再生能源项目技术可行性和经济成本的技术经济效益是投资者关心的重要问题（Pekez et al. , 2016）。在对可再生能源系统进行技术经济评价的过程中，可以使用可再生能源的混合优化模型（hybrid optimization model for electric renewable，HOMER），并基于地理和气象信息，建立可再生能源混合系统的技术经济评价模型，并对可再生能源系统的经济和技术效益进行模拟和评价（Kalinci et al. , 2014；Izadyar et al. , 2016；Haidar et al. , 2017；Hossain et al. , 2017；Kaluthanthrige et al. , 2019）。也可以在对可再生能源发展和技术进步现状与趋势分析的基础上，建立基于生产函数法的新能源产业技术进步贡献率评价模型（刘琳，2013），进而研究技术进步对可再生能源产业发展的贡献。

可再生能源的发电量会受到一系列驱动因素的影响，同时，也会对环境产生一定的外部性（Chowdhury & Oo，2012），因而在对可再生能源或可再生能源系统的开发利用绩效进行评价时，必须要考虑到能源绩效和环境绩效（Caliskan et al. , 2013；Kalinci et al. , 2014）。对可再生能源的经济和环境效益进行评价时，基于生命周期理论和生态足迹理论的视角分析，可以全面地反映在对可再生能源进行开发利用的过程中所投入的成本、得到的产出，以及对生态环境造成的影响（Hong et al. , 2014；Hadian & Madani，2015；Wu et al. , 2018）。

在考虑可再生能源经济可行性和环境影响的同时，也有必要对社会影响进行评估，因而需要选取相应的评价指标（Zografidou et al.，2015；Akella et al.，2009）。数据包络分析的结果显示，当社会与环境指标比经济指标占据更多的权重时，可再生能源系统可以获得最大的技术效率（Zografidou et al.，2015）。也有学者从技术性能、经济效益和社会影响三个维度，分别采用灰色关联度分析法、数据包络/保证域法、成功度模糊综合评判法进行综合评价，在此基础上，采用雷达图法对新能源发电项目的整体效果进行总体评价（胡殿刚等，2015）。

由于可再生能源的能源密度小，具有经济利用价值的可再生能源是有限的，因此，能源或者资源绩效也是考察可再生能源开发利用绩效的一个非常重要的方面。基于生命周期成本理论和 GIS，通过对中国西部内蒙古、新疆和青海三个省份的 531 个农村家庭进行调查，对 20 多个小型风电站、太阳能电站、风能—太阳能混合电站进行综合的资源、经济、技术和社会评价，结果表明，在解决周边居民能源需求方面，离网的可再生能源技术比集中式供电成本更低、更可靠（Monforti et al.，2013）。陈栋（2012）从技术、经济、环境和安全四个方面建立了海上可再生能源开发综合效益的评价指标体系（Bilandzija et al.，2018）。在此基础上，有学者将资源因素加入其中（Izadyar et al.，2016），并使用主成分分析和数据包括分析，以大连市海上可再生能源开发的综合评价为例进行实证研究。也有学者从技术、经济、环境和社会四个方面建立了清洁能源或者新能源发电绩效的综合评价指标体系（赵中华，2007；章玲等，2013；方建鑫，2013；Wu et al.，2018），或基于数据包括分析，研究可再生能源发展的能源、经济、环境和社会等方面的影响（Zeng et al.，2019）。

可再生能源技术推广和普及会受到一系列因素的影响，包括技术、市场、经济、环境和政策等多个方面的因素。可再生能源项目的经济可行性、技术先进性，可再生能源市场规模与竞争性，以及温室气体和污染物减排是影响可再生能源技术推广的最主要的因素（Heo et al.，2010）。经济成本是影响可再生能源推广的重要因素，主要是由于可再生能源具有一定的内在限制，如供应的季节性、能源密度低、设备利用率低等问题，会使发电成本增加，但一旦额外的外部成本被内化之后，仍然具有很高的价值。因此，研究中需要考虑化石能源价格的不确定性和可再生能源技术的学习率，通过设置不同的情景，来对可再生能源技术进行评估（Presley et al.，2015；de Oliveira & Trindade，2018）。

从供应链的视角出发，可再生能源的转换效率及供应链绩效也是可再生能源开发利用绩效的体现（Wee et al.，2012），但在不同的地区和不同的时期，可再生能源技术利用率会存在一定的差异。因此，有学者使用 ARIMA 模型，对不同国家可再生能源技术在发电上的利用进行了建模，分析影响不同国家在不同时期可再生能源技术利用增长率差异的主要原因。分析结果显示，化石能源价格的变化并不能解释不同时期可再生能源技术利用增长率的不同，在缺乏外部支持的情况下，可再生能源发电技术比现有发电技术更加昂贵，但可再生能源技术的优势在于减少碳排放和化石能源消费，这就意味着技术利用水平需要在可再生能源技术的环境效益和经济效益之间进行博弈（Meade & Islam，2015）。

在评价方法上，整体来看，可再生能源开发利用绩效的评价方法呈现多元化趋势。将目前可再生能源开发利用评价中应用的方法进行分类整理，见表 2－6。

表 2－6　　现有可再生能源开发利用绩效评价研究中的模型与方法

<table>
<tr><th colspan="2">研究模型与方法</th><th>文献</th></tr>
<tr><td rowspan="9">多准则决策分析方法</td><td>层次分析法</td><td>娄伟和李萌（2010）</td></tr>
<tr><td>模糊综合评价</td><td>赵中华（2007）</td></tr>
<tr><td>模糊层次分析法</td><td>沈等（Shenet al.，2010）；陈栋（2012）</td></tr>
<tr><td>模糊推理系统</td><td>刘等（Liu et al.，2012）</td></tr>
<tr><td>TOPSIS</td><td>袁丹丹（2017）；哈甸和马达尼（Hadian & Madani，2015）；董福贵等（2018）</td></tr>
<tr><td>简单加权法</td><td>哈甸和马达尼（Hadian & Madani，2015）</td></tr>
<tr><td>0－1 加权多时期目标规划</td><td>佐格拉夫等（Zografidou et al.，2015）</td></tr>
<tr><td>数据包络分析</td><td>白玉红（2013）；佐格拉夫等（Zografidou et al.，2015）；马尔丹尼等（Mardani et al.，2017）；袁丹丹（2017）；董福贵等（2018）；曾等（Zeng et al.，2019）</td></tr>
<tr><td>关联区间 TOPSIS 模型</td><td>章玲等（2013）；方建鑫（2013）</td></tr>
</table>

续表

研究模型与方法		文献
生命周期分析	生命周期理论	拜恩等（Byrne et al.，2007）；洪等（Hong et al.，2014）；哈甸和马达尼（Hadian & Madani，2015）；吴等（Wu et al.，2018）
指数法	可持续性指数	阿富干和卡瓦略（Afgan & Carvalho，2002）
	Malmquist 指数	乌等（Woo et al.，2015）
	综合指数法	阿斯德鲁巴里等（Asdrubali et al.，2015）
统计分析法	多重对应分析	迪米特里耶维奇和萨利赫贝戈维奇（Dimitrijevic & Salihbegovic，2012）
	主成分分析	白玉红（2013）
其他	生态足迹理论	哈甸和马达尼（Hadian & Madani，2015）
	配对比较法	哈甸和马达尼（Hadian & Madani，2015）
	最大最小后悔值法	哈甸和马达尼（Hadian & Madani，2015）
	语言编译法	哈甸和马达尼（Hadian & Madani，2015）
	地理信息系统	拜恩等（Byrne et al.，2007）
	系统仿真模型	罗扎基斯（Rozakis et al.，1997）
	基于能源流的方法	刘等（Liu et al.，2003）
	情景模拟	德奥利维拉和特林达德（de Oliveira & Trindade，2018）；库玛和苏达卡（Kumar & Sudhakar，2015）

在对可再生能源开发利用绩效的评价研究中，学者们使用了多种多样的定量分析方法，基本上可以分为以下几类：多准则决策分析方法、生命周期分析法、指数法、统计分析法等。

多目标优化、决策支持系统以及多准则决策等分析方法是研究中应用非常多的方法。层次分析法（analytic hierarchy process，AHP）、偏好顺序结构评估法（preference ranking organization methods for enrichment evaluations，PROMETHEE）、消去与选择转换本质法（elimination and choice expressing reality，ELECTRE）、多属性效用方法（MAUT）及模糊理论等都是在能源规划及方案评价排序中常用的方法（Pohekar & Ramachandran，2004；Zhou et al.，2006；Thery & Zarate，2009；Liu，2014；Mardani et al.，2015；Kumar et al.，2017；Wu et al.，2018）。在具体应用中，通常会将多种方法进行组合与集成，克服彼此的缺点，然后进行综合评价。多准则决策分析方法适用于

多指标多方案的优劣选择与排序比较，因而其应用非常广泛，遍及经济、管理、工程技术、医学等各个领域。

基于生命周期理论，可以对可再生能源项目从开始到结束整个流程中资源与经济上投入与产出，以及对环境和社会的影响进行全面的分析。该方法最大的优点是能够全面地分析各个流程与环节上的投入与产出，从而对项目的经济、环境和社会效益进行评价。通过指数法，可以将复杂的问题简单化，将多个指标通过算术平均值或者几何平均值或者其他数学表达式，整合为一个综合性的指数。还有学者借助于生态足迹理论、地理信息系统等方法或工具来对可再生能源的开发利用绩效进行研究。研究中也有学者把多种不同的方法结合起来进行评价排序，然后使用其平均值作为最终的评价结果。

2.4　可再生能源产业发展的影响要素

可再生能源的开发利用并不是一个孤立的环节，而是受到整个可再生能源产业发展的影响，是可再生能源产业发展的一个重要方面。为了提升可再生能源的开发利用绩效，必须从整个可再生能源产业的发展来考虑，只有可再生能源产业实现健康发展，才能更好地对可再生能源进行开发利用。

然而，可再生能源产业的发展会受到多个方面因素的影响，已经有一部分学者专门对可再生能源及其相关技术的发展与推广的影响因素进行了一系列相关讨论和研究。

在分析产业发展影响因素的过程中，PEST 分析是常用的分析方法，即分析产业发展所面临的政治环境、经济环境、社会环境和技术环境等因素对企业或者产业发展产生的影响。基于这一思路，洛扎诺娃（Lozanova，2008）认为可再生能源产业的发展会受到几个方面因素的影响：化石能源价格、经济运行形势、政策支持、政策稳定性以及大宗原材料商品价格。马利克（Malik et al.，2014）在研究中认为，人口规模、城市化水平、工业化水平、汇率、价格水平、食物生产指数和畜牧生产指数对巴基斯坦可再生能源产业的发展有着积极的作用。王斐斐（2014）在研究中认为，科技创新、市场潜力与规模、产业发展政策环境与竞争环境、新能源配套产业的发展是新能源产业发展的关键要素。穆罕默德等（Muhammad et al.，2015）在对可再生能源技术在尼日利亚发展和推广的主要因素进行研究后，发现制度框架、政策执行力、资金充足性，以及对可再生能源技术在社会经济、技术和环境方面特点的认知是阻碍可再生能源技术在尼日利亚发展和推广的主要因素。

可再生能源作为自然存在的一种资源，必然会受到各种自然和地理条件的影响。梅拉尔和丁塞尔（Meral & Dinçer，2011）在研究中发现，技术类型、环境条件、系统设备等因素对太阳能光伏发电的运行效率有较大影响。阿里和萨克拉维（Ali & Saqlawi，2016）通过对34个国家进行研究，发现国内生产总值、可再生能源政策法规、地理情况、气候条件以及人口规模会对可再生能源的发展产生比较大的影响。

也有学者基于产业经济学和投入产出系统的视角，借鉴相关模型来识别可再生能源产业发展的要素。胡丽霞（2008）基于钻石模型来识别北京农村可再生能源产业化发展的影响因素，包括：生产要素（自然资源、技术创新和资金来源）、市场需求、企业结构（企业生产方式、企业发展规模等）、相关和支持性产业（农村可再生能源制造业和业务发展水平等）、机会及政府（包括市场培育、经济激励、管理机制等）。研究结果显示，政府的激励政策是最为重要的因素，其次是投融资和可再生能源市场培育，技术创新等其他要素也是影响农村可再生能源产业化的重要因素。牛昊晗（2013）总结新能源产业发展的关键影响因素包括资源、技术、人才、经济、环境和市场六个方面的因素。其中，资源要素包括：资源丰富程度、资源分布情况、资源投入量、资源可利用程度；技术要素包括：技术研发投入、技术创新能力、技术研发产出、技术先进性、技术产业化程度；人才要素包括：人才投入、人才结构、人才管理；经济要素包括：研发成本、生产成本、管理成本、经济引领能力；环境要素包括：环境约束能力、环境供应能力、环境友好能力；市场包括资源配置能力、市场占有率、市场成长能力。肖娜（2016）认为，吉林省新能源产业的影响因素包括：生产要素（新能源资源、资金、技术、劳动力)、市场需求、市场环境和新能源产业链。

也有学者基于 SWOT 分析，对影响中国风能产业发展的影响因素进行了归纳。研究认为，中国的风能产业的优势要素包括：丰富的风力资源、风电设备制造业的快速发展、环保性；劣势要素包括：风电场成本高昂、投资回报率低、风力涡轮关键技术缺乏、弃风严重、产能过剩、商业化运作机制缺乏；机会要素包括：能源需求的快速增长、政策支持；威胁要素包括：入网困难、价格竞争力不足、风能产业供应链不健全（Zhao et al. , 2013；He et al. , 2016)。还有学者结合风力资源模型和一般均衡模型，对影响全球陆上风电发展的影响因素进行了研究，研究结果表明，资源潜力和减排目标是影响全球陆上风电发展的最为重要的因素，其次是投资成本，平衡成本和传输成本的影响相对而言比较小（Dai et al. , 2016)。此外，国际贸易对新能源产业的发展也会产生明显的影响（黄鹤，2015)。

2.5　现有研究评述

随着传统能源的安全形势越来越严峻，传统能源高污染和高排放的缺点也越来越为人们所诟病，可再生能源由于其低污染、可再生、可永续利用的特点，逐渐得到人们的青睐。可再生能源的利用可以解决许多关于能源安全、环境保护和能源独立的问题，清洁的可再生能源的好处是显而易见的(Klass，2003)。近年来，可再生能源的发展在世界范围内得到了前所未有的重视，学者们也纷纷对世界各国和地区可再生能源开发利用状况进行研究，对可再生能源的发展进行思考，为可再生能源的发展建言献策。

现有的研究取得了丰硕的成果：(1) 对可再生能源的开发利用绩效、可再生能源的发电绩效、可再生能源的潜力、可再生能源的可持续性等概念从不同的视角进行了界定和概括，为深入研究可再生能源的潜力、可持续性和开发利用绩效提供了坚实的理论基础；(2) 对于可再生能源开发利用绩效的研究，学者们或使用定性的描述对不同国家或者地区可再生能源的发展概况进行了翔实的介绍和评述，或使用各种不同的定量分析方法，从单维度或者多维度的角度，对可再生能源的开发利用绩效进行了评价；（3）对于可再生能源产业发展的影响因素，目前有不少研究对此进行了识别和讨论，基本上包括了资源、技术、人才、资金、环境、政策等方面的因素。

学者们基于不同的视角，从不同的维度对可再生能源的开发利用绩效和可持续性进行了评价，并梳理和分析了影响可再生能源产业的相关因素，但现有的研究仍然存在一些不足之处，具体表现为：（1）对可再生能源的开发利用绩效的界定仍然不够明确清晰，概念的描述多种多样，尚缺乏比较权威的可再生能源开发利用绩效的概念；（2）在可再生能源开发利用的评价指标体系研究方面，大多数学者的研究只针对可再生能源开发利用绩效的某一个方面或者某些方面，综合而全面的可再生能源开发利用绩效评价指标体系设计的研究比较缺乏，评价方法也比较单一，缺少综合性的评价；（3）部分可再生能源开发利用绩效评价指标所隶属的维度出现了交叉，如发电量或装机容量，有的学者将其放在能源绩效中，也有学者将其放在经济绩效中，还有学者将其放在技术绩效或者社会绩效中，这种指标属性混乱的情况比较多；（4）关于多个国家可再生能源开发利用绩效比较的研究比较缺乏，现有研究多数是对某个国家在某个时间点上的可再生能源开发利用绩效进行研究，缺乏比较长期的时空对比研究；（5）对可再生能源产业发展影响因素的研究虽然也不少，但多是以定性分析为主，缺乏对各个因素之间关系的分析，而且对各个因素究竟是如何影响可再生能源产业发展的研究比较缺乏。

那么，如何科学地界定可再生能源开发利用绩效的内涵？可再生能源开发利用绩效评价指标体系应该如何构建？如何科学地对可再生能源的开发利用绩效进行评价？可再生能源产业的发展会受到哪些要素的影响？这些要素之间的关系如何？这些要素是如何影响可再生能源产业的？这些都是本书要致力研究解决的问题。

第3章 可再生能源开发利用绩效评价指标体系构建

可再生能源开发利用绩效的内涵不仅涉及经济与产出绩效，更涉及资源、环境、科技及人文与社会等因素。基于这样的认识，本章将可再生能源开发利用绩效划分为能源绩效、经济绩效、技术绩效、社会绩效、环境绩效五个维度。在五维结构的基础上，对各个维度进行了指标设计，最终建立了可再生能源开发利用绩效的五维度18个指标的评价结构体系。

3.1 可再生能源开发利用绩效内涵分析

通过第2章的梳理与分析，我们已经知道可再生能源开发利用绩效的内涵非常丰富，已经成为一个涉及多个维度的复杂性问题，不仅包含经济与产出绩效，更涉及资源、环境、科技及人文与社会等因素，因而可再生能源开发利用的评价也是一个复杂的问题。面对这样一个多维度的问题，必须要建立一个能够反映其各个方面内涵的、综合而全面的指标体系，以此来对其进行评价。

在构建可再生能源开发利用绩效评价指标体系之前，本书基于投入—产出分析和系统论的思想，对可再生能源开发利用绩效的内涵进行了系统的分解和分析，如图 3 –1 所示。

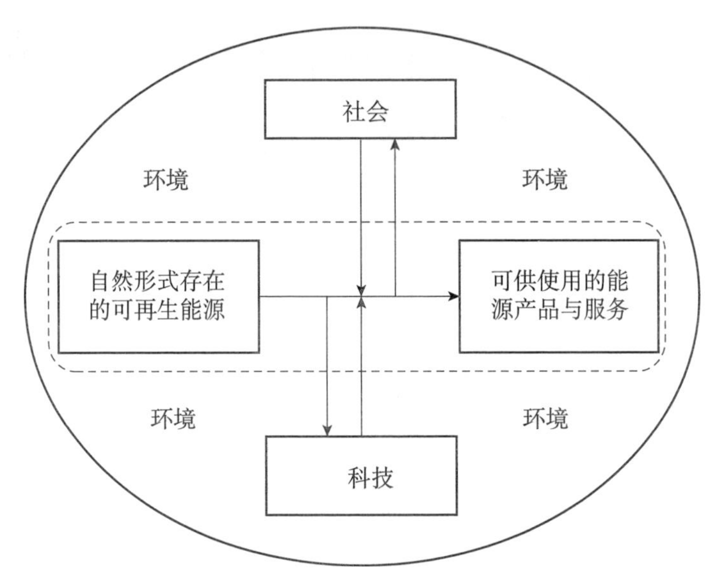

图 3 –1　可再生能源开发利用绩效内涵

可再生能源的开发利用作为一个生产性系统，必然是将一定的投入转化为一定的产出，反映了系统的经济效益。在这样一个生产性系统中，必然伴随着与科技、社会和自然环境之间的交互作用。因此，在本书的可再生能源开发利用绩效系统中，一共包含四个子系统：投入—产出子系统，科技子系统，社会子系统和环境子系统。在该系统中，投入—产出子系统是核心，其他子系统都围绕投入—产出子系统服务。该系统的投入主要包括以自然形式存在的可再生能源和资本投入，产出则是以电能和其他形式存在的能源产品与服务。科技子系统为可再生能源的开发利用提供技术支撑，而可再生能源的开发利用反过来也会促进和刺激科学技术的进步。社会子系统为可再生能源的开发利用提供保障，可再生能源的开发则向社会提供能源产品、就业岗位及其他社会效益。可再生能源的开发利用是人类对自然进行影响的过程，对其进行开发利用必然会对环境产生一定的影响，这一影响过程就在环境子系统中发生。

3.2　可再生能源开发利用绩效指标体系设计原则

为了构建一个切实有效的可再生能源开发利用绩效评价指标体系，必须要明确评价指标体系的设计原则，然后根据这些原则，搭建评价指标体系的框架和主要构成要素，并选择合适的指标对这些要素进行表征。只有建立科学合理的评价指标体系，才能准确地对研究对象进行评价，从而得出科学且有说服力的结论（杜栋，2005）。因此，为了科学地对可再生能源开发利用绩效的内涵进行阐释，本书将根据以下原则来设计可再生能源开发利用绩效的概念框架和选取评价指标。

3.2.1　系统性原则

可再生能源开发利用绩效是一个涉及多个维度的复杂概念，必须将其视为一个完整的有机系统，并基于这一视角来全面考察可再生能源开发利用绩效的内涵，然后选择合适的指标来对其进行描述。指标的选择必须能够反映各个子系统中的关键要素，以及不同子系统之间的交互作用，从而从整体上对可再生能源的开发利用绩效进行全面而综合的评价。

3.2.2　动态性原则

前一章的分析表明，可再生能源开发利用绩效的内涵是随着时代的发展而不断变化的，是一个动态的变化过程。对可再生能源的开发利用也是一个动态的过程，而且是随着经济、社会和科技的发展而不断演化的。因此，对可再生能源的开发利用绩效的评价也必须是与时俱进的。这就要求所选择的评价指标也必须是具有动态性的，不仅能够反映当前可再生能源的开发利用绩效，而且还要能够用来动态地反映不同时期、不同地区的可再生能源开发利用绩效，能够对可再生能源开发利用绩效在未来的发展趋势起到预测作用。

3.2.3 定量与定性相结合原则

可再生能源的开发利用绩效是一个包含多个维度的概念，必然会涉及各个方面的因素，为了对问题进行描述，定量化的指标无疑会更具有优势。但是在涉及社会层面的因素时，由于问题的特殊性，必然会存在一些无法直接量化的指标。因此，指标的选取必须遵循定量与定性相结合的原则，二者相互结合，相辅相成，才能科学有效地对可再生能源的开发利用绩效进行科学的评价。对于部分难以直接量化的指标，本书将根据相关指标的实际情况邀请专家进行打分，从而对其进行量化处理。

3.2.4 可操作性原则

在构建评价指标体系的过程中，所选择的评价指标必须是有明确意义的，而且必须是能够通过某种科学的方法来获取指标数据或者对指标进行量化评估的，然后用于对研究对象的分析和评价。通常情况下，指标数据的获取有三种渠道：一是直接通过官方的统计资料和现有的统计数据获取；二是通过相关领域的专家基于个人经验和专业判断进行打分和估值判断；三是通过实地考察研究或问卷调查等途径获得。无论通过何种方式和渠道获取指标的相关数据，最终所有的指标都是用定量化的数据来反映其具体内涵。

3.2.5 可比较性原则

评价指标体系是用来反映评价对象优劣的，因而不同的评价对象之间必须是能比较的。这就必然要求在每一个评价指标上，不同评价对象所具有的属性值必须是具有可比较性的，而且同一个评价指标在不同时期内也要具有一定的可比性。绝大多数情况下，指标的可比较性主要有三种：第一种是越大越好型指标，又称效益型指标，指标数据越大，指标属性越优；第二种是越小越好型指标，又称成本型指标，指标数据越小，指标属性越优；第三种是中间型指标，即指标数据越趋向于某个中间值，指标属性越优。

3.2.6　完备性与简洁性相结合的原则

可再生能源的开发利用绩效涉及多个层面的因素，因而其评价体系也必须从多个方面来选取评价指标，所以就要求评价指标的选取一定要符合完备性原则，不要漏掉任何可能涉及的因素。与此同时，为了准确地测量可再生能源的开发利用绩效，必须用尽量少的指标来反映和表达尽量多的内涵，所以指标的选取还必须坚持简洁性原则。只有做到完备性和简洁性二者的统一，即“不重不漏”，才能够建立科学合理的评价指标体系。

3.3　维度解析与要素分解

本书依据系统论和投入—产出分析，建立了可再生能源开发利用绩效的运行系统。根据所建立的这一系统，同时，基于生态经济学和生态—社会—经济耦合论的基本思想，我们来考察和识别可再生能源开发利用绩效评价指标体系的主要维度和其中的关键性要素。

基于现有相关文献和研究成果，并通过咨询专家意见，本书最终将可再生能源开发利用绩效分解为五个维度：能源绩效、经济绩效、技术绩效、社会绩效和环境绩效。基于这五个维度的基本内容，本书经过一系列的斟酌与筛选，对每个维度所包含的内容进行解读，将其分解为多个要素，最终建立了可再生能源开发利用绩效评价体系的基本框架。

3.3.1　能源绩效

能源是可再生能源开发利用系统的发起点，也是最终目的。通过将自然存在的可再生能源转化为人类可直接利用的能源产品，能源绩效被视为可再生能源开发利用绩效系统的核心。在能源绩效中，通常需要考察可再生能源转换过程的效率、发展潜力和发展成果，这三个方面可以用来反映能源绩效的主要内容。因而，本书将可再生能源开发利用的能源绩效分解为三个要素：开发效率；开发潜力；开发成果。

3.3.2　经济绩效

经济要素是本书可再生能源开发利用绩效系统的又一核心要素，经济绩效是经济子系统与能源子系统之间的交互，主要包括经济子系统对能源子系统的经济支持、能源子系统的经济产出，以及能源子系统对经济子系统的反馈性影响。因此，本书将经济绩效分解为四个要素：经济支持；能源生产效率；能源生产潜力；能源产品价格。

3.3.3　技术绩效

科技是可再生能源开发利用绩效系统的关键支撑要素，为可再生能源的开发利用提供技术支持，反映了科技子系统对能源子系统的推动作用，反过来，能源子系统对科技子系统也会产生一定的促进作用。因此，本书将技术绩效作为可再生能源开发利用绩效的主要维度之一。在技术绩效中，人才是核心，经费是保障，技术是关键。因此，本书将技术绩效分解为三个要素：科研经费支持；人才支持；技术支持。

3.3.4　社会绩效

能源子系统与社会子系统之间也存在一定的交互作用，可再生能源的开发利用离不开社会的支持和保障，与此同时，可再生能源的开发利用也可以向社会提供一定的社会效益。基于此，本书把社会绩效也纳入可再生能源开发利用绩效的概念之中，并将其分解为四个要素：政策支持；政策效益；社会就业；社会发展。

3.3.5　环境绩效

对可再生能源进行开发利用的目的之一是为了提升环境质量，减少化石燃料消费对环境的影响，所以环境绩效也是考察可再生能源开发利用绩效的一个重要方面。在可再生能源开发利用绩效系统中，环境绩效的改善需要环保经费的投入和环境技术的进步，最终环境绩效还需要通过环境质量表现出来。本书将环境绩效这一维度分解为三个要素：环保支出；环境保护技术；环境质量。

3.4　指标遴选与体系建立

在上一节可再生能源开发利用绩效维度解析和要素分解的基础上，本节将根据指标的选取原则，针对各个维度的要素，选取合适的指标对其进行描述和表征。

3.4.1　能源绩效

能源绩效反映了可再生能源开发利用的效率、潜力和成果。其具体要素及解释指标如下。

（1）开发效率。开发效率反映了对可再生能源进行开发利用进程的效率。本书使用可再生能源发电装机容量占当年全国总发电装机容量的比例来表征可再生能源的开发效率。

$$A_1 = \frac{RIC}{TIC} \times 100\% \tag{3-1}$$

其中，RIC 表示可再生能源发电装机容量，TIC 表示全国总发电装机容量。

（2）开发潜力。开发潜力反映了在某一段时期内对可再生能源进行开发利用的速度与潜力。本书使用可再生能源发电装机容量的增长速度来对能源绩效维度的开发潜力要素进行测量。

$$A_2 = \frac{RIC_t - RIC_{t-1}}{RIC_{t-1}} \times 100\% \tag{3-2}$$

其中，RIC_t 表示第 t 年的可再生能源发电装机容量，RIC_{t-1} 表示第 $t-1$ 年的可再生能源发电装机容量。

（3）开发成果。开发成果主要反映了可再生能源的开发利用对该国家或者地区能源消费结构的影响。本书使用可再生能源消费量占全国或者地区一次能源供应总量的比重来表示能源绩效的开发成果。

$$A_3 = \frac{RC}{TPES} \times 100\% \tag{3-3}$$

其中，RC 表示可再生能源消费量，$TPES$ 表示一次能源供应总量。

3.4.2 经济绩效

经济绩效反映了可再生能源开发利用的经济效益，这是一个双向的过程，必须先对可再生能源产业进行投资，然后才能对可再生能源进行开发利用，进而产生相应的经济效益。因此，本书将其分解为三个维度：国家或地区对发展可再生能源的经济支持力度、能源产出效率和潜力、对相关能源产品价格的影响。其具体要素及解释指标如下。

（1）经济支持。经济支持体现了国家和地区从经济层面对发展可再生能源的支持力度，最典型的支持方式就是对可再生能源领域进行投资。因此，本书将主要通过考察各个国家对可再生能源领域的投资来表征经济支持，具体指标为可再生能源投资占国内生产总值的比重。

$$B_1 = \frac{RI}{GDP} \times 100\% \tag{3-4}$$

其中，RI 表示可再生能源产业的投资额，GDP 表示国内生产总值。

（2）生产效率。能源生产效率主要反映了利用可再生能源生产能源产品的效率。本书使用可再生能源发电量占全国总发电量的比例来表征可再生能源开发利用经济绩效中的能源生产效率要素。

$$B_2 = \frac{RE}{TE} \times 100\% \tag{3-5}$$

其中，RE 表示可再生能源发电量，TE 表示全国总发电量。

（3）生产潜力。能源生产潜力体现了利用可再生能源生产能源产品的潜力。本书使用可再生能源发电量的增长速度来表征可再生能源开发利用的能源生产潜力。

$$B_3 = \frac{RE_t - RE_{t-1}}{RE_{t-1}} \times 100\% \tag{3-6}$$

其中，RE_t 表示第 t 年的可再生能源发电量，RE_{t-1} 表示第 $t-1$ 年的可再生能源发电量。

（4）生产成本。可再生能源生产成本可以反映一国在发展可再生能源过程中的成本变动情况，本书主要用可再生能源发电的平均装机成本来表征可再生能源生产成本。

3.4.3　技术绩效

技术绩效是可再生能源开发利用在技术进步上的体现，也是开发利用可再生能源的技术支撑。其具体要素及解释指标如下。

（1）科研经费支持。科研经费支持反映了一国从财政上对科学研究的支持力度，是一个国家整体科研实力的象征性因素。本书主要使用研究与开发支出占国内生产总值的比重来表示科研经费支持。

$$C_1 = \frac{GERD}{GDP} \times 100\% \tag{3-7}$$

其中，$GERD$ 表示研究开发经费总支出，GDP 表示国内生产总值。

（2）人才支持。人才是科技事业的关键，而可再生能源产业属于科技密集型产业，需要有一定的人才支撑才能发展。因此，本书将人才支持也作为可再生能源开发利用技术绩效的主要要素，主要使用一个国家每百万人口中科研人员数量来对人才支持进行衡量。

$$C_2 = \frac{RDP}{TP} \times 100\% \tag{3-8}$$

其中，RDP 表示科研人员数量，TP 表示总人口数。

（3）技术支持。无论是人才还是科研投入，可再生能源技术绩效的最终落脚点还是在技术上，因此，技术支持是技术绩效中最为关键的一个要素。本书主要使用一国所拥有的可再生能源发电专利数量来对技术支持进行科学的表征。

3.4.4 社会绩效

社会绩效反映了社会为支持可再生能源的发展提供的保障，以及可再生能源的发展为社会提供的反馈。其具体要素和解释指标如下。

（1）政策支持。为了促进可再生能源的发展，世界各国政府都陆续出台了一系列的鼓励和刺激性政策，以支持企业和社会更多地关注和投资可再生能源领域。因此，本书将政策支持作为考量可再生能源社会效益的一个重要因素，并通过统计各国在发展可再生能源方面的政策数量来表示政府可再生能源开发利用绩效的政策支持。

（2）政策效益。政府一系列的可再生能源政策不仅有利于可再生能源的发展，而且也为政府带来了不少的税收收益。本书主要使用政府的能源与环境政策税收收益占国内生产总值的比重来表征政策效益。

$$D_2 = \frac{EETR}{GDP} \times 100\% \quad (3-9)$$

其中，$EETR$ 表示能源与环境政策税收收益，GDP 表示国内生产总值。

（3）社会就业。除了税收收益，可再生能源开发利用对社会的另一大贡献就是为社会提供了更多的就业岗位，这一贡献为解决就业问题提供了巨大的帮助。因此，本书也将其作为社会绩效的一个重要方面。然而，各个国家在发展规模、人口数量等方面差距不一，因此，本指标使用发展可再生能源为每千名劳动力创造的就业岗位数量来表征各国可再生能源开发利用对社会就业的促进作用。

$$D_3 = \frac{JCRE}{TL} \times ‰ \quad (3-10)$$

其中，$JCRE$ 表示发展可再生能源提供的就业岗位数量，TL 表示全社会劳动力总量。

3.4.5　环境绩效

人们对开发利用可再生能源关注的一个非常重要的方面就是可再生能源是否真的能够改善环境质量，环境绩效则充分体现了可再生能源的开发利用对环境的影响。其具体要素和解释指标如下。

（1）环境保护支出。环境保护支出体现了国家对环保事业的重视程度和投入力度，是提升环境绩效的资金支持。本书主要使用一国的环境保护支出占国内生产总值的比重来对其进行衡量。

$$E_1 = \frac{EPE}{GDP} \tag{3-11}$$

其中，*EPE* 表示环境保护支出，*GDP* 表示国内生产总值。

（2）环境质量。环境绩效最为直观的表现就是环境质量的好坏。对于能源领域而言，空气质量受其影响最大，因此，本书将主要考察关键空气质量指标，来对环境绩效进行描述，包括二氧化碳排放、硫氧化物排放、氮氧化物排放以及可吸入颗粒物（PM10）。其中，二氧化碳、硫氧化物和氮氧化物的人均排放水平计算公式分别如下所示，可吸入颗粒物和细颗粒物则使用空气污染物浓度来进行表示。

$$E_{21} = \frac{TCE}{TP} \tag{3-12}$$

其中，*TCE* 表示碳排放总量，*TP* 表示人口总量。

$$E_{22} = \frac{TSE}{TP} \tag{3-13}$$

其中，*TSE* 表示硫氧化物排放总量，*TP* 表示人口总量。

$$E_{23} = \frac{TNE}{TP} \tag{3-14}$$

其中，*TNE* 表示氮氧化物排放总量，*TP* 表示人口总量。

根据上述分析，本书建立了包含五个维度的可再生能源开发利用绩效评价指标体系，见表 3－1。表 3－1 描述了该指标体系所包含的维度，并展示了各个维度下的要素及用来表征要素的指标，而且对指标的意义和计算方法进行了详细的解释和说明。

表 3－1　　可再生能源开发利用绩效评价指标体系

维度	要素	指标	单位	意义	指标类型
能源绩效	开发效率	可再生能源发电装机容量占全国总装机容量比例	%	反映了可再生能源开发利用在能源产业中的地位	效益型
	开发潜力	可再生能源发电装机容量的增长速度	%	反映了可再生能源开发利用的持续性	效益型
	开发成果	可再生能源占全国一次能源消费比重	%	反映了可再生能源对国家能源结构的贡献	效益型
经济绩效	经济支持	可再生能源产业投资占国内生产总值的比重	%	反映了可再生能源产业的发展规模	效益型
	能源生产效率	可再生能源发电量占国家总发电量的比例	%	反映了可再生能源对国家能源供应的贡献程度	效益型
	能源生产潜力	可再生能源发电量的增长速度	%	反映了可再生能源提供能源产品的持续性	效益型
	经济效率	可再生能源发电装机容量安装成本	USD/kW	反映了可再生能源开发利用的经济成本	成本型
技术绩效	经费支持	研究与开发支出占国内生产总值的比重	%	反映了对可再生能源科技的重视程度	效益型
	人才支持	每百万人口中科研人员数量	人	反映了一国的科技人才基础	效益型
	技术支持	可再生能源发电专利数量	件/百万人	反映了国家在可再生能源领域的技术实力	效益型
社会绩效	政策支持	政府政策对发展可再生能源的支持力度	项	反映了国家在政策上对发展可再生能源的支持力度	效益型
	政策效益	能源与环境政策税收收益占国内生产总值比重	%	反映了可再生能源激励政策带来的财税红利	效益型
	社会就业	为每千名劳动力提供的就业岗位数量	个/千人	反映了可再生能源对社会就业的贡献	效益型
环境绩效	环境保护支出	环境保护支出占国内生产总值的比重	%	反映了国家对环保事业的重视程度	效益型
	环境质量	单位 GDP 二氧化碳排放	吨/人	反映了温室气体排放情况	成本型
		单位 GDP 硫氧化物排放	千克/人	反映了酸雨污染情况	成本型
		单位 GDP 氮氧化物排放	千克/人	反映了光化学污染情况	成本型
		可吸入颗粒物密度	$\mu g/m^3$	反映了可吸入颗粒物污染情况	成本型

3.5 本章小结

本章首先基于投入—产出分析和系统论的思想，对可再生能源开发利用绩效的内涵进行了系统的分解和分析，然后将可再生能源开发利用绩效分解为五个维度：能源绩效、经济绩效、技术绩效、社会绩效和环境绩效。之后，分析了这五个维度的主要内容，并经过一系列的分析与研究，将各个维度继续分解为多个要素。在此基础上，针对各个维度所包含的要素，选择恰当的指标来对其进行描述和表征，最终建立了包括五个维度 18 个指标的可再生能源开发利用绩效评价指标体系。

第4章

可再生能源开发利用绩效集成评价模型设计

建立科学合理的评价方法与模型是对多准则决策问题进行分析的基础和重点。本章根据本书的研究需要，选取了几种比较常用的多准则决策方法，并构建了AGA-EAHP-EM-TOPSIS-PROMETHEE的集成评价模型，并对具体的操作过程与步骤进行了介绍，为本书对可再生能源开发利用绩效进行评价提供方法指导。

4.1 评价方法比较与选择

在日常生活中，我们经常会需要对某个或某一类事物、行为、认知、态度等按照一定的标准（主观的或客观的，定性的或定量的）进行好坏或者优劣的评价，并通过这一评价过程来对事物的本质进行更为深刻的认识和了解（苏为华，2000）。根据所选择的评价标准的多与寡，可以分为单因素评价和多因素综合评价。

单因素评价就是通过某一个标准或指标来对事物的优劣进行评判。这种评价方法简单易用，适合评价内涵比较单一而且明确的事物。然而，影响事物的因素往往是繁多而且复杂的，尤其是随着社会和科技的不断发展，社会事物的内涵也随之而不断演化，单因素问题越来越少，复杂的多因素问题越来越多。针对复杂的多因素问题，必须用综合评价方法来对其优劣进行评判。综合评价最直观的表现就是使用多个指标来对一个复杂问题进行分析，因此，也可以称之为多指标评价。

然而，由于综合评价最后进行比较的也是某个单独的指标，所以单因素评价与综合评价之间是相对的，二者之间并没有非常明确的界限。不过与单因素评价不同的是，综合评价最后用于比较优劣的是一个高度综合的“单指标”，而非一个简单的指标。

综合评价法是对评价对象进行整体性和全局性的评价，通常需要借助于一些主观的或者客观的评价方法，来将多个指标综合而成某一个独立的“指标”，然后根据这一综合指标来判断评价对象的优劣。

在解决实际问题的过程中，用来进行综合评价的方法有很多种，通常可以分为以下几类：主观评价法；综合指数法；统计分析法；运筹学方法；其他方法（苏为华，2000；虞晓芬和傅玳，2004）。严格来讲，每种方法都有其优点和缺点，因而不同的评价方法有着不同的适用对象和情景。只有根据各种评价方法的特点和研究问题的需要，科学地选择合适的评价方法，才能对研究问题进行科学的阐释。

在实际应用中，为了克服这些方法各自的缺点，学者们通常会对这些方法进行改进和集成。最常见的改进就是将模糊理论和遗传算法与这些方法相结合，或者对以上方法进行集成使用，克服彼此的缺点，以彼之长，补己之短，最终形成一套完整而科学的评价方法。

可再生能源开发利用绩效评价是一个涉及多个维度和多个因素的复杂性问题。为了对这样一个复杂的多维度问题进行评价，必须选择合理的方法，既要能够考虑各个方面的因素，又要能够重新挖掘和利用各个因素中的信息。作为一个复杂的社会性问题，如果完全使用客观的评价方法，则有可能无法体现事物的本质，如果完全使用主观的方法，则分析结果会带有非常强烈的主观性。因此，本书将采用主客观相结合的方法，在上一节分析各种评价方法优劣的基础上，取长补短，相互结合，科学地选择评价方法，使分析结果更加科学合理，增强结果的说服力和可信度。

基于以上考虑，结合评价过程中要解决的具体问题，本书将选取以下方法作为构建可再生能源开发利用绩效评价模型的基础方法。

4.1.1 层次分析法

4.1.1.1 基本原理

层次分析法（analytic hierarchy process，AHP）是一种基于数学和心理学来对复杂决策问题进行结构化分析的方法。自萨蒂（Saaty，1980）于20世纪70年代提出该方法以来，层次分析法得到了非常广泛的应用和改进，已经成为解决多准则决策问题的一种非常重要的集体决策方法。

层次分析法通过将复杂的问题分解为多个既相互独立又相互关联的层次，然后通过比较每个层次内部不同要素两两之间的相对重要性，最终对层次结构中的要素进行排序和评价。这一方法将复杂的决策过程结构化和数学化，并基于有限的和零散的信息，最终实现对复杂问题的最优化决策，在社会科学和经济管理领域中得到了广泛的运用。

4.1.1.2 操作过程

层次分析法的基本操作过程如下。

（1）针对决策问题构建层次结构模型。层次分析法的第一步就是构建层次结构模型，通过建立决策问题的层次结构模型，可以对问题进行由浅入深、由粗至细的分析，进而加深对问题的理解和分析。通常来讲，层次结构模型包括三个层次：第一层称为目标层，描述了整个决策问题所要实现的整体目标；第二层称为准则层，描述了为了实现整体目标所需要考虑的各种准则和因素，如果问题的结构比较复杂，通常会包含多个准则层；第三层称为方案层，描述了决策者所需要进行选择和决策的各种方案（如图4-1所示）。

（2）对准则的相对重要性进行判断，并构造判断矩阵。通常而言，研

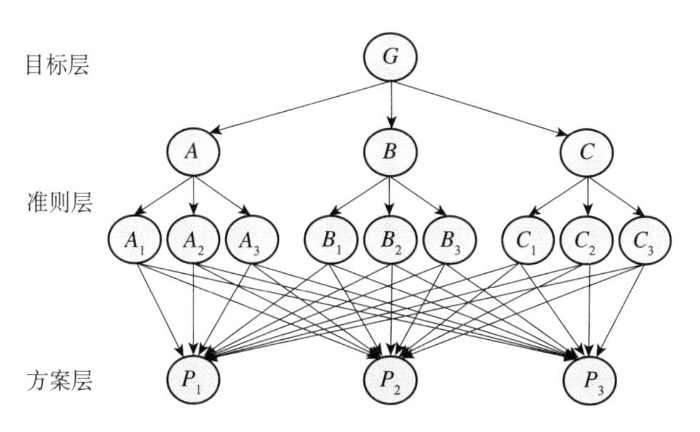

图 4－1　层次结构模型

究者需要邀请一组熟悉该领域的专家来对层次内的准则及要素的相对重要性进行打分。打分的过程主要是根据所建立的层次结构模型来完成，针对某一元素，按照九标度法对属于该要素的下层各个要素进行两两之间的重要性比较（见表 4－1），并构建判断矩阵。例如，在图 4－1 的层级结构模型中，相对于准则层要素 A 而言，研究者需要对从属于准则 A 的三个要素 A_1、A_2 和 A_3，进行两两之间的相对重要性比较，从而得到判断矩阵 $A=\begin{pmatrix} 1 & a_{12} & a_{13} \\ a_{21} & 1 & a_{23} \\ a_{31} & a_{32} & 1 \end{pmatrix}$，其中，$a_{ij}$表示要素 A_i 相对于要素 A_j 的相对重要程度。

表 4－1　　九标度法的标度含义

标度值	重要程度	标度含义
1	同等重要	前一要素与后一要素一样重要
3	稍微重要	前一要素比后一要素稍微重要
5	明显重要	前一要素比后一要素明显重要
7	强烈重要	前一要素比后一要素强烈重要
9	绝对重要	前一要素比后一要素绝对重要
2，4，6，8	两种重要程度的中值	表示相邻两标度之间折中时的标度
标度倒数	反向比较	元素 i 对元素 j 的标度为 a_{ij}，反之为$\frac{1}{a_{ij}}$

（3）对各层要素进行单排序，计算权重并进行一致性检验。计算层次内

各个要素的相对权重 $w_i = \frac{(\prod_{j=1}^{n} a_{ij})^{1/n}}{\sum_{i=1}^{n}(\prod_{j=1}^{n} a_{ij})^{1/n}}$，以此作为层次内各要素排序的依据，并进行一致性检验。一致性检验主要通过计算各个判断矩阵的一致性比率系数 CR 来实现的，$CR = \frac{CI}{RI}$，其中，CI 是一致性指标，$CI = \frac{\lambda_{max}}{n-1}$，$\lambda_{max}$为最大特征根，$n$ 是矩阵规模，RI 为随机一致性指标，其大小由 n 决定，见表 4-2。如果 $CR<0.1$，则认为判断矩阵是一致的，否则，判断矩阵就是不一致的，需要重新比较元素的相对重要性，并对判断矩阵进行修正。

表 4-2　　随机一致性指数

n	1	2	3	4	5	6	7	8	9	10
RI	0	0	0.52	0.89	1.11	1.25	1.35	1.4	1.45	1.49

（4）计算所有元素相对于总目标的权重，并对各个方案进行排序。

4.1.1.3　方法局限

由于层次分析法的简便易用性，在实践中得到了广泛的运用。但是传统的层次分析法也经常为人所诟病，主要是由于存在几个明显的不足：第一，在判断矩阵的构造过程中，主观性太强，专家的个人意见能够左右最终的结果。第二，在一致性检验的过程中，如果判断矩阵的构造不够合理，经常会出现无法满足一致性要求的情况，需要对判断矩阵进行修正，然后继续检验其一致性，直到达到要求为止。

4.1.2　加速遗传算法

4.1.2.1　基本原理

遗传算法（genetic algorithm，GA）是一种基于基因理论与自然选择启发而产生的数学优化方法。遗传算法主要是通过遗传操作对群体中具有某种结构形式的个体施加结构重组处理，从而不断地搜索出群体中个体间的结构相似性，形成并优化积木块以逐渐逼近最优解。通过使用一系列基于生物学的遗传算子，包括选择算子、交叉算子和变异算子，来进行迭代运算，从而实现信息交换和全局寻优，这就是传统的标准遗传算法。然而，标准遗传算法的遗传算子由于会随着迭代次数的增加而出现性能减弱的情况，从而出现过早收敛，陷入局部最优的陷阱。因此，有学者提出了一种加速遗传算法（accelerating genetic algorithm，AGA），这种改进的遗传算法在标准遗传算法的基础上，增加了一个加速算子，这样就可以在搜索最优个体的同时，能够逐步调整和优化变量的搜索空间，从而优化变量的搜索区间，实现全局优化的目的（金菊良等，2001）。

4.1.2.2　操作过程

加速遗传算法的主要操作过程如下。

（1）将变量初始变化空间离散化，并选择编码策略。编码是应用遗传算法时要解决的首要问题，编码方法在很大程度上决定了如何进行群体的遗传进化运算以及遗传进化运算的效率。大量研究表明，二进制编码在选择、交叉和变异操作中具有更好的搜索能力，而且群体规模越大，二进制编码的优势就越明显。所以在实际操作中，大多选择二进制编码方式。

（2）随机生成初始群体。随机产生 N 个初始串结构数据，每个串结构数据称为一个个体，N 个个体就构成了一个群体。

（3）适应度值评价检测。对个体编码串解码得到个体的表现型数值，并计算目标函数值。根据问题的类型，由目标函数按一定的转换规则，计算群体中各个个体的适应度，适应度值越高的个体就称之为优秀个体。

（4）选择算子的操作。选择的目的是从当前群体中选出优良的个体，使它们有机会作为父代为下一代繁殖子孙。根据各个个体的适应度值，按照一定的规则或方法从上一代群体中选择出一些优良的个体遗传到下一代中。遗传算法通过选择运算体现这一思想，进行选择的原则是适应性强的个体为下一代贡献一个或者多个后代的概率大。这样就体现了“适者生存”的原则。最常用和最基本的选择算子是比例选择算子。所谓比例选择（proportional model），是指个体被选中并遗传到下一代群体中的概率与该个体的适应度大小成正比。

（5）交叉算子的操作。交叉操作是遗传算法中最主要的遗传操作。通过交叉操作可以得到新一代个体，新个体组合了父辈个体的特性，将群体内的各个个体随机搭配成对，对每一个个体，以某个概率（称之为交叉概率）交换他们之间的部分染色体，交叉体现了信息交换的思想。交叉概率越高，群体的更新速度越快，两点交叉的效率也要优于单点交叉，因此，本书选择两点杂交，将交换概率设置为1。

（6）变异算子的操作。变异操作首先在群体中随机选择一个个体，对于选中的个体以一定的概率随机改变串结构数据中某个串的值，即对群体中的每一个个体，以某一概率（称为便一概率）改变某一个或某一些基因座上的基因值为其他的等位基因。同生物界一样，遗传算法中变异发生的概率很低，变异为新个体的产生提供了机会。为了提高群体的多样性，本书采用两点变异。

（7）迭代进化。将步骤（6）得到的群体作为新的初始群体，然后重新从步骤（3）开始运算，如此循环迭代，直至逼近个体最优点。

（8）加速遗传操作。将第一次和第二次进化得到的优秀个体的变化空间作为新的初始变化空间，重新带入步骤（1）进行运算，如此加速循环和迭代过程，直至达到适应度值的初始设定要求，或者算法达到迭代次数，算法结束运行，此时得到的个体即为加速遗传算法的最终优化结果。

4.1.2.3 方法点评

通过增加一个加速遗传算子，加速遗传算法可以弥补标准遗传算法在收敛过快、陷入局部最优上的缺点，从而实现全局优化。

4.1.3 熵值法

4.1.3.1 基本原理

熵值法（entropy method）是将物理学中“熵”的概念引入信息论中，从而度量信息不确定性的一种方法。根据熵值理论的思想，信息中所包含的信息熵越小，信息的不确定性也就越小，那么信息的有用性就越高，反之亦然。借鉴这一思想，熵值法被广泛运用于管理、工程等领域，用于分析决策问题中信息的有用性（Stahura et al.，2000）。在多准则决策问题中，指标的变异性越大，指标中信息的可利用量也就越大，指标的利用价值也就越高，那么所应该赋予的权重也就越大。因此，熵值法经常被用于分析数据信息的价值，是一种科学和客观的指标权重确定的方法（Godden et al.，2000；Ghorbani et al.，2012）。

4.1.3.2 操作过程

熵值法的主要操作步骤如下。

（1）对原始数据进行标准化处理。

（2）计算各个属性值的特征比重 $p_{ij} = x'_{ij} \Big/ \sum_{i=1}^{m} x'_{ij}$。

（3）计算第 j 个指标的熵值 $e_j = -(\ln m)^{-1} \sum_{i=1}^{m} p_{ij} \ln p_{ij}$。若 $p_{ij}=0$，则定义 $\lim_{p_{ij} \to 0} p_{ij} \ln p_{ij} = 0$。其中，$i=1, 2, \cdots, m$；$i=1, 2, \cdots, n$，$m$ 为被评价对象的数量，n 为指标数量。

（4）计算第 j 个指标的差异性系数 $g_j = 1 - e_j$。熵值越小，指标的差异性系数就越大，表明指标所包含的有用信息就越多，权重就越大。

（5）利用熵值计算各个指标的权重 $v_j = g_j \Big/ \sum_{j=1}^{n} g_j$。

4.1.3.3 方法点评

通常来讲，熵值法通过对各个指标的数据进行分析，反映了各个指标信息的有用程度，进而通过使用客观的方法来获取指标权重，这是主观赋权法所不具有的优势。但是由于熵值法要进行对数运算，所以首先必须要对原始数据进行平移变换，以消除负数对运算的影响。如果原始数据中不存在负数，则无须进行变换，直接按照上述步骤操作即可。

4.1.4 逼近理想解的排序方法

4.1.4.1 基本原理

逼近理想解的排序方法（technique for order of preference by similarity to ideal solution，TOPSIS）是由黄和尹（Hwang & Yoon，1981）提出，并分别由尹（Yoon，1987）以及黄等（Hwang et al.，1993）改进的一种多准则决策分析方法。该方法的基本思想是计算评价方案与正理想方案和负理想方案之间的欧氏距离，与正理想方案距离越近，与负理想方案距离越远，则方案越优；反之，与正理想方案距离越远，负理想方案距离越近，则方案越劣。

4.1.4.2 操作过程

逼近理想解的排序方法主要操作过程如下。

（1）建立决策矩阵。根据决策问题的目标，建立决策分析模型，得到决策矩阵，从而确定分析数列 $X = [X_1, X_2, \cdots, X_i, \cdots, X_n]^T$，其中，$X_i = [x_{i1}, x_{i2}, \cdots, x_{ij}, \cdots, x_{in}]$。

（2）变量数据的无量纲化处理。由于各个变量所使用的量纲可能存在差异，不能够用于一起比较。为了使不同性质的数据具有可比性，必须对数据进行无量纲化处理，以便于进行不同属性数据的运算和比较。

（3）计算加权规范化决策矩阵 $Z = (z_{ij})_{m \times n}$，其中，$z_{ij} = w_j \times x'_{ij}$。

（4）确定正、负理想方案和正、负理想解。

将各评价对象中针对各指标的最优数据和最劣数据提取出来，重新构造两个数列，分别构成正理想方案 $Z_j^+ = (z_1^+, z_2^+, \cdots, z_j^+, \cdots, z_n^+)$ 和负理想方案 $Z_j^- = (z_1^-, z_2^-, \cdots, z_j^-, \cdots, z_n^-)$。

（5）计算评价对象与正、负理想方案的欧氏距离 $d_i^+ = \sqrt{\sum_{j=1}^{n} (z_{ij} - z_j^+)^2}$ 和 $d_i^- = \sqrt{\sum_{j=1}^{n} (z_{ij} - z_j^-)^2}$。

（6）计算相对贴近度，并对方案进行排序。为了对不同的方案进行整体比较，需要将正欧氏距离与负欧氏距离整合为一组数据，得到相对贴近度 $C = d_i^- / (d_i^+ + d_i^-)$，以此作为对各个方案进行排序的依据。

4.1.4.3 方法点评

逼近理想解的排序方法能够充分利用评价方案与正、负理想方案之间的关系来对评价对象进行评价，操作比较灵活。然而，该方法不足在于当评价方案较少时，所得到的最优方案和最劣方案不具有典型性和代表性，对评价结果的说服力会产生一定的影响。

4.1.5 偏好顺序结构评估法

4.1.5.1 基本原理

偏好顺序结构评估法（preference ranking organization method for enrichment evaluation，PROMETHEEE）是布朗斯（Brans，1982）提出，并由布朗斯和温克（Brans & Vincke，1985）对其加以改进形成 PROMETHEE Ⅱ 的一种多准则决策方法。PROMETHEE 方法的基本原理是根据决策者的偏好和研究的需要为每一属性选择或定义偏好函数，然后利用偏好函数或属性权系数定义两个评价方案之间的偏好优序指数，进而求出每一评价目标的优序级别及出流量和入流量，然后计算各个方案的净入流量，利用优序关系确定方案的排序。

4.1.5.2 操作过程

PROMETHEE 方法的主要操作过程如下。

（1）建立决策矩阵。

（2）数据无量纲化处理。

（3）计算评价目标两两之间的差值 $d_{ab}=y_{aj}-y_{bj}(a, b=1, 2, \cdots, m; j=1, 2, \cdots, n)$。

（4）为每个指标确定优先函数 $P_j(d_{ab})=\begin{cases}0 & d_{ab}<0 \\ P(d_{ab}) & d_{ab}\geqslant 0\end{cases}$。

（5）确定所有评价对象的优先指数关系 $\pi_{ab}=\sum_{j=1}^{k}P_j(d)$，其中，$a, b=1, 2, \cdots, m; j=1, 2, \cdots, n$。

（6）计算每个评价目标的正流量和负流量 $\phi^{+}(d_a)=\frac{1}{m-1}\sum_{i=1}^{m}\pi(d_{ai})$ 和 $\phi^{-}(d_a)=\frac{1}{m-1}\sum_{i=1}^{m}\pi(d_{ia})$，其中，$i=1, 2, \cdots, m$，且 $i\neq a$。

（7）计算每个评价目标的净流量 $\phi(d_a)=\phi^+(d_a)-\phi^-(d_a)$。若 $\phi(d_a)$ 值越大，则评价目标 d_a 越优。

4.1.5.3 方法点评

PROMETHEE 方法能够针对每一个指标比较两个评价目标之间的优先关系，并将这种优先关系进行汇总，然后计算每个评价目标的正流量与负流量，计算出净流量，以此作为对评价目标进行排序的标准，方法的科学性和合理性强。然而，PROMETHEE 方法的一个比较明显的缺点是优先函数的确定比较困难，在操作上比较烦琐。

4.2 方法的集成与改进

由于可再生能源开发利用绩效的评价涉及多个方面和多层要素，而且各个要素对研究目标的影响不尽相同，因此，有必要建立科学合理的评价模型来对本书的研究问题进行科学的阐释。在上一节中，本书选取了层次分析法（AHP）、加速遗传算法（AGA）、熵值法（EM）、逼近理想解的排序方法（TOPSIS）和偏好顺序结构评估法（PROMETHEE）等常用的评价和优化方法。为了建立科学的可再生能源开发利用绩效集成评价模型，本书基于现有的相关研究，在前人方法集成和改进的基础上，对以上方法进行重新组合，克服彼此的缺点，最大限度地发挥各自的优势。

4.2.1 基于加速遗传算法的扩展层次分析法（AGA-EAHP）

在解决多目标决策问题时，层次分析法非常受研究者青睐，主要原因在于这种方法的科学性和易用性。然而，传统的层次分析法最为人所诟病的一点是基于专家判断所产生的主观性以及判断矩阵的不一致性问题。为了解决判断矩阵的一致性问题，基于模糊理论的模糊层次分析法得到了学者们的一致认同。在此基础上，苏等（Su et al.，2010）在研究中另辟蹊径，将九标度法的评分标度进行扩充，提出一种基于加速遗传算法的扩展层次分析法（AGA-EAHP）。通过一系列实际应用的检验，这种改进的层次分析法被证明能够弥补传统的层次分析法的不足，而且能够比模糊层次分析法得到更好的一致性（余敬等，2014；张龙等，2014；王小琴等，2014）。

在传统层次分析法的基础上，AGA-EAHP 将传统的九标度法扩充为区间标度法。具体来说，就是将原来单个的离散的标度值向前后各扩充 0.5 而形成一个类似于模糊数的标度区间。例如，在传统的层次分析法中有判断矩阵为 $A=\begin{bmatrix}1 & 2 & 3\\ 1/2 & 1 & 2\\ 1/3 & 1/2 & 1\end{bmatrix}$，那么将标度扩展为标度区间后，原来的判断矩阵就变成了由一个个区间构成的判断矩阵群 $A=\begin{bmatrix}1 & [1.5,\ 2.5] & [2.5,\ 3.5]\\ [1/2.5,\ 1/1.5] & 1 & [1.5,\ 2.5]\\ [1/3.5,\ 1/2.5] & [1/2.5,\ 1/1.5] & 1\end{bmatrix}$，而最优判断矩阵就隐藏在这个判断矩阵群中。

由于加速遗传算法具有非常好的优化搜索能力，因而在扩展的层次分析法中，被用于从判断矩阵群中寻找最优判断矩阵。与传统的层次分析法相比，AGA-EAHP 的区别体现在判断矩阵的构造上。通过将判断标度扩展为标度区间，从而将层次分析法的判断矩阵扩展为判断矩阵群，然后使用加速遗传算法，从判断矩阵群中寻找一致性最优的判断矩阵，之后计算层次内指标的权重。这样，AGA-EAHP 就解决了判断矩阵的一致性问题。

4.2.2　TOPSIS 与 PROMETHEE 集成评价法（TOPSIS-PROMETHEE）

在 TOPSIS 模型中，通过计算被评价对象与正理想解和负理想解之间的欧式距离，然后将二者进行组合，从而计算各个方案与理想方案之间的相对贴近度。而 PROMETHEE 模型通过计算两两方案之间的差值，比较不同评价方案之间的优先顺序，然后计算各个评价方案的正流量与负流量，最后以二者的差值净流量来作为对方案进行排序的依据。这两种方法从不同的角度来考虑方案的排序，TOPSIS 方法引入最优理想解和最差理想解的概念，通过计算各个方案与正、负理想解之间的关系来进行方案排序，而PROMETHEE方法则是基于不同方案两两之间的比较，以获得方案之间的优先顺序来对方案进行排序。因此，从理论上来讲，二者可以很好地进行结合，既考虑了评价方案与理想方案之间的关系，又解决了不同方案之间相互比较所造成的差异，这两种思想相互结合，可以很好地解决方案排序的科学性问题。

为了发挥两种方法各自的优势，本书汲取现有相关研究成果，寻找这两种方法的结合点。由于TOPSIS方法的分析结果是基于各个评价方案与正、负理想解的距离，而PROMETHEE方法的分析结果是基于各个评价方案的正流量与负流量，因此，本书借鉴相关研究成果的思想（Anand & Kodali，2008；Zhang & Liu，2011；陈立敏和杨振，2011；Ferreira et al.，2016；Li & Zhao，2016），在分别计算得到各个评价方案与正、负理想解的距离以及正、负流量之后，把评价方案与负理想解的距离和正流量结合起来构成各个评价方案的优势值，把评价方案与正理想解的距离和负流量结合起来构成各个评价方案的劣势值，然后再计算各个方案的综合评价结果，优势值与劣势值之间的差值即为各个评价方案的整体优势值。

4.3 集成评价模型的建立与验证

4.3.1 集成评价模型的建立

由于可再生能源开发利用绩效的动态性和复杂性，本书拟使用上述方法，构建一个针对复杂多准则决策问题的集成评价模型，对可再生能源的开发利用绩效进行综合评价。

该模型主要包括两个模块：一个是权重确定模块，主要由基于加速遗传算法的扩展层次分析法（AGA-EAHP）和熵值法（EM）构成；另一个是方案评价模块，主要由逼近理想解的排序方法（TOPSIS）和偏好顺序结构评估法（PROMETHEE）构成。这两个模块共同构成了本书的AGA-EAHP-EM-

TOPSIS-PROMETHEE 集成评价模型。

在多准则决策问题中，通常情况下，需要首先确定各个指标的权重，这是进行综合评价的一个重点和难点。然而，指标权重通常可以通过两种方式来计算：一种是用主观评价方法获取指标权重；另一种是通过客观评价方法获取指标权重。使用主观评价方法获取主观权重的优势在于能够充分发挥专家的优势，利用专家的专业经验和知识来对研究问题的实际情况进行判断；但一个明显的缺点就是太过于依赖专家的判断，具有强烈的主观性，而且不同的专家之间可能会有意见上的分歧。而客观的权重获取更加注重数据的作用，根据各个指标的数据来挖掘指标中蕴含的有用信息，分析数据中隐藏的信息；这种方法的缺点在于过于依赖客观数据，缺乏对研究问题的现实考虑和分析，尤其是在人文社会科学的研究中，如果忽略了这一点，有可能会背离客观现实。因此，这两种确定权重的方法各有利弊。

在本书当中，为了克服这一缺陷，本书将把这两种权重确定的方法结合起来，构建主客观方法的组合权重。AGA-EAHP 是在传统层次分析法基础上的改进，在本质上仍然是主观的权重确定方法，通过将离散的标度值扩展为连续的标度区间，然后使用加速遗传算法寻找最优一致性判断矩阵，比传统的层次分析法更加科学合理。而熵值法是一种常用的获取指标权重的客观评价方法，在实践中得到了广泛的运用，因而本书将这两种方法结合起来，实现主客观权重的结合，不仅具有较强的可操作性，而且更加科学合理。而且在实际研究中，这种方法也得到了广泛的运用（Su et al.，2010；余敬等，2014；张龙等，2014；王小琴等，2014）。

在方案评价模块中，TOPSIS 方法和 PROMETHEE 方法同样也是互有优劣。TOPSIS 方法的优势在于能够提炼出正理想方案与负理想方案，分析不同评价方案与正、负理想解的关系，PROMETHEE 方法则能够在不同的方案之间比较优劣和优先排序。把这两种方法结合起来，既能够反映不同的方案之间的关系，也能够体现出不同方案与正、负理想方案之间的关系，这样就能够全面地对评价方案进行评价和排序。

本书将上述方法进行集成，构建了 AGA-EAHP-EM-TOPSIS-PROMETHEE

集成评价模型。使用 AGA-EAHP-EM 模块来获取指标权重：首先，使用基于加速遗传算法的扩展层次分析法来获取各个指标的主观权重；然后，运用熵值法来计算指标的客观权重；之后将二者进行组合，获得主观权重与客观权重的组合权重。使用 TOPSIS-PROMETHEE 模块来对各个方案进行比较和排序：对数据进行无量纲化处理；确定正理想解和负理想解，并计算各个备选方案与正、负理想解之间的欧氏距离；针对各个指标，对所有备选方案进行两两之间的差值比较和优先排序，然后计算各个方案的全局优先指数，并计算各个方案的正流量和负流量；将各个备选方案与正、负理想解的欧氏距离和它们的正、负流量进行组合计算，得到各个备选方案的整体优先度，并以此作为评价各个方案优劣的依据。

本书通过构建 AGA-EAHP-EM-TOPSIS-PROMETHEE 集成评价模型，实现了主观与客观相结合，定量与定性相结合，克服了单一评价方法的不足，对解决多属性决策问题具有重要意义。

4.3.2 TOPSIS-PROMETHEE 模型的算例验证

为了验证 TOPSIS-PROMETHEE 集成模型的科学性，本书将引入一个具体的实例来进行分析，该算例是软件 Visual PROMETHEE 学术版①中的一个自带算例。

某公司打算在 A 城市投资建设一个大型综合超市，现有 12 个地点可供选择。在超市建设选址的过程中，主要考虑五个指标：建设与运营成本（C1）、区域人口（C2）、停车位数量（C3）、交通便利性（C4）和竞争对手数量（C5），五个指标的权重分别为 0.30、0.25、0.1、0.1 和 0.25。在这五个指标中，交通便利性（C4）是通过专家打分法获得数据，其他指标为实际数据；建设与运营成本（C1）和竞争对手数量（C5）为成本型指标，其他指标为效益型指标。这 12 个备选地址对应的各个指标数据见表 4-3。

① http://www.promethee-gaia.net/visual-promethee.html? devicelock=desktop.

表 4－3　　　　　　　　演示算例中备选方案与指标数值

方案	C1：建设与运营成本（百万元）	C2：区域人流量（千人）	C3：停车位数量（个）	C4：交通便利性	C5：竞争对手数量（个）
S1	21	425	500	2	1
S2	21.3	475	522	2	0
S3	8.2	120	860	5	2
S4	6.6	45	722	3	1
S5	4.9	52	1050	4	3
S6	21.3	755	850	3	5
S7	17.9	625	200	2	5
S8	17.3	524	780	2	5
S9	14.2	540	690	4	6
S10	10.4	80	675	4	3
S11	12.9	310	786	5	2
S12	9.6	275	1020	2	3

为了验证 TOPSIS-PROMETHEE 模型的科学性与合理性，本书将分别使用 TOPSIS 模型、PROMETHEE 模型和 TOPSIS-PROMETHEE 模型来对各个备选地址进行优先排序。为了方便比较不同模型排序的优劣，费雷拉等（Ferreira et al.，2016）使用不同方法评价结果的标准差（SD）、最优方案与次优方案得分之差（DFS）、最优方案与最劣方案得分之差（DBW）三个指标来判断不同评价方法与模型的优劣。因为这三个指标越大，说明使用该方法得到的结果中，各个评价方案之间的区分度越大，从而越能够说明一个方案相对于另一个方案的优先度。在本书中，考虑到三种方法最终评价结果的量纲不同，TOPSIS 模型的评价结果数据在区间［0，1］内，而 PROMETHEE 模型和 TOPSIS-PROMETHEE 模型的评价结果数据在区间［－1，1］内，本书将使用标准差（SD）、最优方案与其他方案得分的平均差（DAB）、最优方案与次优方案得分之差（DFS）、最优方案与最劣方案得分之差（DBW）四个指标来构造三个判断指标，判定这三个模型的优劣，分别是 SD、DAB/DBW 和 DFS/DBW，其中，两个相对指标的选择正是为了消除不同模型评价结果在量纲上的影响。

采用三种评价模型对这 12 个备选地址的优先度进行排序，评价结果见

表4－4。根据模型的评价结果，计算得到各个模型的优先度判断指标（见表4－4）。根据表4－4的评价结果，TOPSIS模型结果SD值最高，TOPSIS-PROMETHEE模型结果的DAB/DBW值和DFS/DBW值最高，而PROMETHEE模型结果的三个判定指标值都是最低。考虑到TOPSIS-PROMETHEE模型的SD值与TOPSIS模型的SD值差距并不大，因而可以认为TOPSIS-PROMETHEE模型的结果最好，各个备选方案的评价结果之间区分度最大，而且最优方案相比于次优方案具有更大的优势。因此可以认为，TOPSIS-PROMETHEE模型具有其科学性和合理性，相比于TOPSIS模型和PROMETHEE模型更有优势。

表4－4　演示案例中使用不同评价模型的评价结果与判断指标值

方案	TOPSIS 模型		PROMETHEE 模型		TOPSIS-PROMETHEE 模型	
	评价结果	排序	评价结果	排序	评价结果	排序
S1	0. 5862	3	－0. 1276	9	0. 0432	4
S2	0. 7430	1	－0. 0274	6	0. 3574	1
S3	0. 2492	9	0. 1825	2	－0. 0358	5
S4	0. 2261	11	0. 1847	1	－0. 0664	8
S5	0. 1960	12	0. 1775	3	－0. 1311	11
S6	0. 6048	2	－0. 1391	10	0. 0855	3
S7	0. 5189	4	－0. 1993	12	－0. 1098	10
S8	0. 4984	5	－0. 1631	11	－0. 1065	9
S9	0. 4813	6	－0. 0690	8	0. 0512	6
S10	0. 2315	10	－0. 0561	7	－0. 3165	12
S11	0. 3948	7	0. 1297	4	0. 0878	2
S12	0. 2966	8	0. 1080	5	－0. 0558	7
SD	0. 1789		0. 1471		0. 1622	
DAB/DBW	0. 5955		0. 4810		1. 5400	
DFS/DBW	0. 2525		0. 0057		0. 4001	

4.3.3　集成评价模型的框架与步骤

在现有研究的基础上，本书将层次分析法、加速遗传算法、熵值法、TOPSIS、PROMETHEE等评价与优化方法进行结合，构建了AGA-EAHP-EM-

TOPSIS-PROMETHEE集成评价模型，该评价模型的主要框架如图4－2所示。

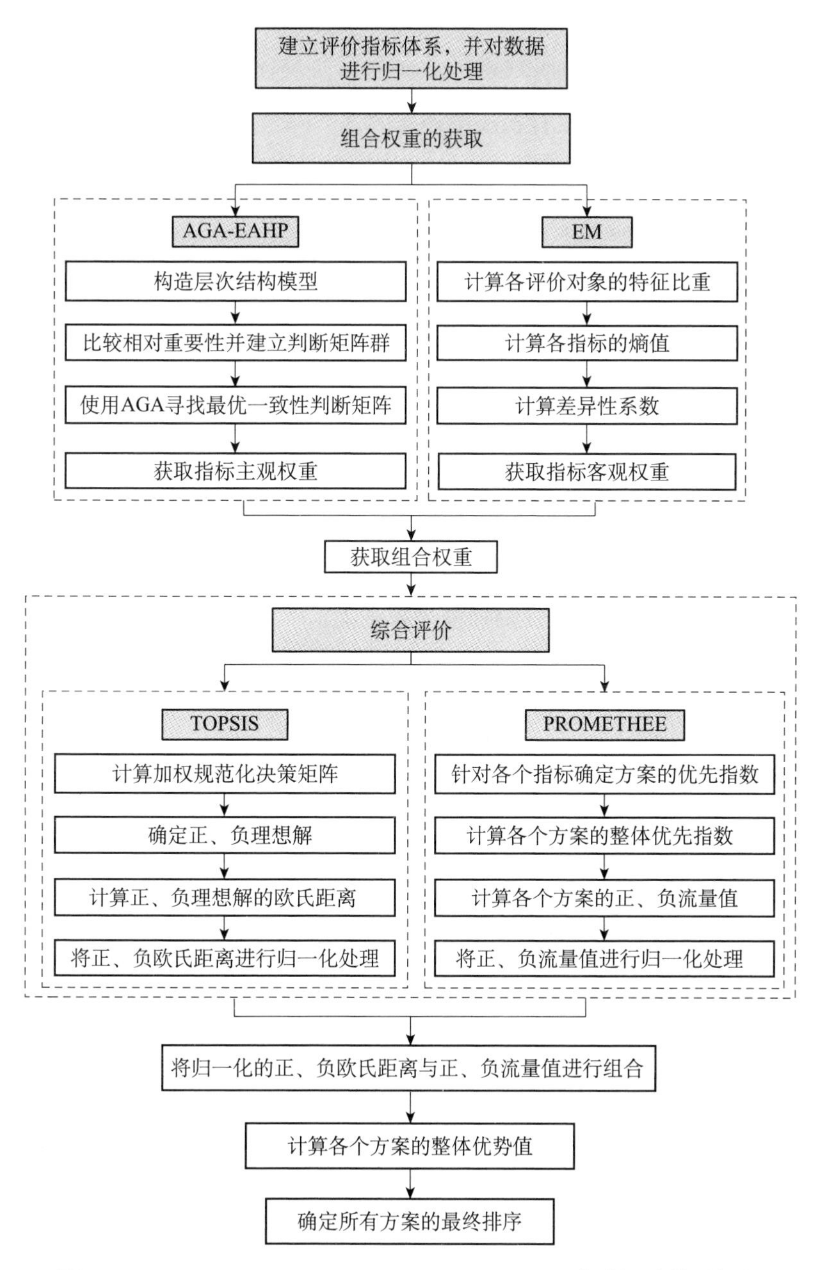

图4－2　AGA-EAHP-EM-TOPSIS-PROMETHEE集成评价模型框架

本书所构建的 AGA-EAHP-EM-TOPSIS-PROMETHEE 集成评价模型的主要操作步骤如下。

设在某个决策问题中，$O=[o_1, o_2, \cdots, o_m]$ 为待评价方案集合，$I=[I_1, I_2, \cdots, I_n]$ 为评价指标集合，决策矩阵为 $X=(x_{ij})_{m\times n}$，其中，x_{ij}为方案 i 相对于指标 j 的属性值。

4.3.3.1　对数据进行归一化处理

由于不同指标在量纲上存在差异，因此，在进行数据分析之前需要对各个指标的数据进行无量纲化处理，处理方法如下：

效益型指标：
$$x'_{ij}=\frac{x_{ij}}{\max x_j} \tag{4-1}$$

成本型指标：
$$x'_{ij}=\frac{\min x_j}{x_{ij}} \tag{4-2}$$

其中，x'_{ij}为归一化之后的指标属性值，x_{ij}为指标原始属性值，$\max x_j$ 和 $\min x_j$ 分别为第 j 个指标的最大属性值和最小属性值。

经过归一化之后得到的无量纲化决策矩阵为 $X'=(x'_{ij})_{m\times n}$。

4.3.3.2　指标权重获取

本书主要使用 AGA-EAHP 来获取主观权重，使用熵值法来获取客观权重，然后将二者进行组合，得到主、客观组合权重。

(1) 使用 AGA-EAHP 计算主观权重。

①建立层次结构模型。

②构造判断矩阵群。对同一层次内的元素，按照改进层次分析法的扩展标度区间进行两两之间的相对重要性比较（见表 4-5），从而构造包含最优一致性判断矩阵的判断矩阵群。

表 4-5　　改进层次分析法的标度区间

标度值	标度区间	重要程度	标度含义
1	[0.5, 1.5]	同等重要	前一要素与后一要素一样重要
3	[2.5, 3.5]	稍微重要	前一要素比后一要素稍微重要
5	[4.5, 5.5]	明显重要	前一要素比后一要素明显重要

续表

标度值	标度区间	重要程度	标度含义
7	[6.5, 7.5]	强烈重要	前一要素比后一要素强烈重要
9	[8.5, 9.5]	绝对重要	前一要素比后一要素绝对重要
2，4，6，8	[1.5, 2.5]，[3.5, 4.5]，[5.5, 6.5]，[7.5, 8.5]	两种重要程度之间	表示相邻两标度之间折中时的标度
标度倒数	标度倒数	反向比较	元素 i 对元素 j 标度为 a_{ij}，反之为$\frac{1}{a_{ij}}$

③用加速遗传算法寻找最优判断矩阵。本书将加速遗传算法的各个参数设置如下：种群个体数为300，优秀个体数为10，交叉概率为1，变异概率为1，最大加速次数为100。

④据加速遗传算法得到的最优一致性判断矩阵计算层次内指标权重。

⑤计算各个指标在整个评价指标体系内的全局权重，得到权重集：

$$U = [u_1, u_2, \cdots, u_n] \tag{4-3}$$

（2）使用熵值法计算客观权重。

①计算各个属性值在该指标中的特征比重：

$$p_{ij} = x_{ij} \Big/ \sum_{i=1}^{m} x_{ij} \tag{4-4}$$

②计算各个指标的熵值：

$$e_j = -(\ln m)^{-1} \sum_{i=1}^{m} p_{ij} \ln p_{ij} \tag{4-5}$$

若 $p_{ij}=0$，则定义 $\lim\limits_{p_{ij}\to 0} p_{ij}\ln p_{ij}=0$。

③计算各个指标的差异性系数：

$$g_j = 1 - e_j \tag{4-6}$$

④计算各个指标的最终权重，并得到权重集合：

$$v_j = g_j \Big/ \sum_{j=1}^{n} g_j \tag{4-7}$$

$$V = [v_1, v_2, \cdots, v_n] \tag{4-8}$$

（3）确定组合权重。通过使用改进的层次分析法和熵值法，分别计算得到了指标的主观权重和客观权重，将主、客观权重按照式（4-9）进行组合，可以获得各个指标的主、客观组合权重，最终得到组合权重集：

$$w_j = \alpha u_j + (1 - \alpha) v_j, \alpha \in [0,1] \tag{4-9}$$

$$W = [\omega_1, \omega_2, \cdots, \omega_n] \tag{4-10}$$

4.3.3.3 进行综合评价

（1）计算加权规范化决策矩阵：

$$Z = (z_{ij})_{m \times n}，其中, z_{ij} = w_j \times x'_{ij} \tag{4-11}$$

（2）确定正理想方案 Z^+ 和负理想方案 Z^-：

$$Z^+ = (z_1^+, z_2^+, \cdots, z_j^+, \cdots, z_n^+) \tag{4-12}$$

$$Z^- = (z_1^-, z_2^-, \cdots, z_j^-, \cdots, z_n^-) \tag{4-13}$$

其中，$z_j^+ = \max\limits_i (x'_{ij})$，$z_j^- = \min\limits_i (x'_{ij})$。

（3）计算各评价方案与正、负理想方案 Z^+ 和 Z^- 之间的欧氏距离 d_i^+ 和 d_i^-：

$$d_i^+ = \sqrt{\sum_{j=1}^{n} (z_{ij} - z_j^+)^2} \tag{4-14}$$

$$d_i^- = \sqrt{\sum_{j=1}^{n} (z_{ij} - z_j^-)^2} \tag{4-15}$$

（4）根据无量纲化决策矩阵 X' 为每个指标确定优先函数：

$$P_j(d) = F_j[d_j(a,b)]，其中，d_j(a,b) = x'_{aj} - x'_{bj} \tag{4-16}$$

通常情况下，有六种一般性优先函数可供选择：常用准则，U 型准则，V 型准则，水平准则，无差别 V 型准则，高斯准则，分别用式（4－17）至式（4－22）表示（Anand & Kodali，2008）。其中，应用最为广泛的是线性优先函数，也就是 V 型准则。

$$P(d) = \begin{cases} 1 & d > 0 \\ 0 & d \leqslant 0 \end{cases} \tag{4-17}$$

$$P(d) = \begin{cases} 1 & d > p \\ 0 & d \leqslant p \end{cases} \tag{4-18}$$

$$P(d) = \begin{cases} 1 & d > p \\ d/p & d \leqslant p \end{cases} \tag{4-19}$$

$$P(d)=\begin{cases}1 & d>p\\0.5 & q<d\leqslant p\\0 & d\leqslant q\end{cases}\tag{4-20}$$

$$P(d)=\begin{cases}1 & d>p\\(d-q)/(p-q) & q<d\leqslant p\\0 & d\leqslant q\end{cases}\tag{4-21}$$

$$P(d)=\begin{cases}1-e^{(-d^2/2\sigma^2)} & d>0\\0 & d\leqslant 0\end{cases}\tag{4-22}$$

（5）为所有评价对象确定优先指数关系：

$$\pi(d_{ab})=\sum_{j=1}^{n}P_j(d_{ab})\omega_j\tag{4-23}$$

（6）计算每个评价目标的正流量和负流量：

$$\phi^+(d_i)=\frac{1}{m-1}\sum_{k=1}^{m}\pi(d_{ak})\tag{4-24}$$

$$\phi^-(d_i)=\frac{1}{m-1}\sum_{k=1}^{m}\pi(d_{ka})\tag{4-25}$$

其中，$k=1$，2，…，m，且 $k\neq i$。

（7）对各个方案的正、负欧氏距离 d_i^+ 和 d_i^- 及正、负流量值 $\phi^+(d_a)$ 和 $\phi^-(d_a)$ 按照式（4－1）进行归一化处理，得到 D_i^+ 和 D_i^- 以及 Φ_i^+ 和 Φ_i^-。

（8）将归一化的正、负欧氏距离 D_i^+ 和 D_i^- 与正、负流量值 Φ_i^+ 和 Φ_i^- 进行组合。D_i^- 和 Φ_i^+ 的值越大，则评价对象越优，而 D_i^+ 和 Φ_i^- 的值越大，则评价对象就越劣。因此，可以通过式（4－26）和式（4－27）来将正、负欧氏距离与正、负流量值进行组合，分别得到各个方案的优势值和劣势值：

$$S_i^+=\zeta\Phi_i^++\tau D_i^-\tag{4-26}$$

$$S_i^-=\zeta\Phi_i^-+\tau D_i^+\tag{4-27}$$

其中，ζ 和 τ 由决策者的偏好来决定，满足 $\zeta+\tau=1$，且 ζ，$\tau\in[0,1]$，决策者可以根据具体的研究问题和偏好来决定它们的大小及数值分配。S_i^+ 反映了评价对象的优势值，S_i^- 则反映了评价对象的劣势值。

（9）计算评价对象的整体优势值。据此进行排序，整体优势值越大，则评价对象越优。

$$C_i^+ = S_i^+ - S_i^- \tag{4-28}$$

4.4 本章小结

本章对研究中常用的一些评价方法进行了分类，包括主观评价法、综合指数法、统计分析法、运筹学方法及其他方法，并对各种方法的原理、优点和缺点进行了介绍和比较。在此基础上，选择出了适合进行可再生能源开发利用绩效评价的分析方法，包括层次分析法、加速遗传算法、熵值法、基于理想解的排序方法和偏好顺序结构评估法，从而构建了 AGA-EAHP-EM-TOPSIS-PROMETHE 集成评价模型。

其中，通过使用加速遗传算法对传统的层次分析法进行改进，形成基于加速遗传算法的扩展层次分析法（AGA-EAHP），主要是用来计算指标的主观权重，而熵值法（EM）则是用来计算指标的客观权重，这样就可以得到获取主、客观组合权重的权重获取方法模型（AGA-EAHP）。

基于理想解的排序方法（TOPSIS）主要是通过计算各个评价方案与正、负理想方案之间的欧氏距离来判断方案的优劣，而偏好顺序结构评估法（PROMETHEE）则是通过优先函数来确定每个评价对象相对于其他评价对象的优先指数关系，进而计算出每个评价方案的净流量，从而对评价对象进行优劣判断。为了发挥这两种方法各自的优势，既考虑评价方案与正、负理想方案之间的关系，也考虑各个评价方案之间的关系，本书将这两种方法结合起来，构建了 TOPSIS-PROMETHEE 评价模型，并通过一个具体的算例，验证了 TOPSIS-PROMETHEE 模型相对于单独的 TOPSIS 模型和 PROMETHEE 模型的优势。

第5章 可再生能源开发利用绩效综合评价实证研究

为了对主要国家的可再生能源开发利用绩效进行综合评价，本章通过各种渠道搜集和整理了2004～2016年13个国家关于各个指标的相关数据，然后使用AGA-EAHP-EM-TOPSIS-PROMETHEE集成评价模型对13个国家2004～2016年的可再生能源开发利用绩效进行了评价，并基于评价结果，对各个国家的可再生能源开发利用绩效进行了分析。

5.1 研究对象确定和数据收集

为了了解中国可再生能源开发利用的状况，并将其与其他可再生能源开发利用情况较好的国家进行比较，本书选择经济合作与发展组织（Organization for Economic Cooperation and Development，OECD）和金砖国家组织（BRICS）的部分国家作为研究对象，具体包括：美国、加拿大、英国、德国、法国、意大利、西班牙、澳大利亚、日本、巴西、印度、中国、南非共13个国家。这些国家不仅是世界经济大国，而且在可再生能源开发利用方面也一直走在世界前列，因此，本书将对这些国家的可再生能源开发利用绩效进行综合评价和比较，以明确中国可再生能源发展在世界上的位置。

由于可再生能源开发利用绩效具有一定的动态性，通常需要对其在一定时期内的变化态势进行研究，而可再生能源在世界范围内的开发利用也是在近十年左右才有了突飞猛进的进展，考虑到本书研究所涉及的国家数量较多，遍布世界，且发展水平不一，各个指标的数据也是从多个不同的来源获得，为了保证数据的可获取性和完整性，本书主要对这 13 个国家 2004 ~ 2016 年可再生能源的开发利用绩效进行评价和比较。根据所建立的可再生能源开发利用绩效评价指标体系，然后查阅国内外相关数据库和文献资料，收集指标的相关数据，各个指标的数据来源见表 5 - 1。

表 5 - 1　　可再生能源开发利用绩效评价指标数据来源

维度	要素	指标	数据来源
能源绩效	开发效率	可再生能源发电装机容量占全国总量比例	美国能源信息管理局、国际能源署
	开发潜力	可再生能源发电装机容量增速	
	开发成果	可再生能源产量占一次能源消费总量比重	国际能源署
经济绩效	经济支持	可再生能源产业投资占国内生产总值比重	可再生能源政策网站、联合国环境规划署
	能源生产效率	可再生能源发电量占国家总发电量比重	美国能源信息管理局、国际能源署
	能源生产潜力	可再生能源发电量的增速	
	经济效率	可再生能源发电装机容量安装成本	国际可再生能源机构
技术绩效	经费支持	研究与开发支出占 GDP 比重	世界银行、OECD 数据库
	人才支持	每百万人口中科研人员数量	
	技术支持	可再生能源发电专利数量	国际可再生能源机构
社会绩效	政策支持	政府对发展可再生能源的支持	21 世纪可再生能源政策网站
	政策效益	能源环境政策税收占 GDP 比重	OECD 环境政策工具数据库
	社会就业	创造就业岗位	21 世纪可再生能源政策网站 国际可再生能源机构
环境绩效	环保支出	环境保护支出占 GDP 的比重	OECD 国家：Eurostat、OECD 数据库 BRICS 国家：Social Investment Portal in Latin America and the Caribbean；中国统计局；南非统计局；印度环境与森林部
	环境质量	单位 GDP 二氧化碳排放量	国际能源署、OECD 数据库
		单位 GDP 硫氧化物排放量	OECD 数据库 世界银行
		单位 GDP 氮氧化物排放量	
		细颗粒物密度	

由于本书选取的研究对象遍布欧洲、亚洲、北美洲、南美洲、非洲、大洋洲，既包括发达国家，又包括发展中国家，各个国家在统计标准方面有所差异，而且时间跨度较大，无法保证所有数据都出自同一来源。所以本书在选取指标和收集数据时，在尽量保证各个指标内涵和量纲一致性的基础上，尽可能保证数据的完整性。由于经济合作与发展组织国家有统一的数据库，而且也收录部分其他非经济合作与发展组织国家的数据，所以本书在收集数据的过程中主要以经济合作与发展组织数据库（OECD DATA）、世界银行以及联合国相关部门的数据为主，然后通过各个国家的政府和统计部门网站以及研究报告和研究文献来对无法通过统计数据库直接获取的数据进行补充。

为了对这 13 个国家 2004 ~ 2016 年的可再生能源开发利用绩效进行综合全面的评价，本书将这 13 个国家和 13 年时间所构成的两个维度结合起来，构建了包括 169 个样本的可再生能源开发利用绩效综合评价样本集合，以便于从横向和纵向两个方向上来对各个国家的可再生能源开发利用绩效进行分析。所谓的横向分析，主要是以年份为基本单位来对各个国家的可再生能源开发利用绩效进行分析，分析不同的年份各个国家的可再生能源开发利用绩效在所有国家中所处的地位。纵向分析则是以国家为基本单位，分析各个国家在这 13 年间可再生能源开发利用绩效的变化轨迹与趋势。

5.2　可再生能源开发利用绩效综合评价

由于本书要对包括中国在内的 13 个国家 2004 ~ 2016 年的可再生能源开发利用绩效进行综合评价与分析，所以把横向上的 13 个国家和纵向上的 13 个年份结合起来，建立包括 169 个样本的面板数据，以此作为可再生能源开发利用绩效评价的样本。

接下来，本书将通过 AGA-EAHP-EM-TOPSIS-PROMETHEE 集成评价模型对 13 个国家在 2004 ~ 2016 这 13 年间的可再生能源开发利用绩效进行综合评价和比较分析。

5.2.1 数据预处理

在建立了评价指标体系并收集相关数据之后，本书建立了2004～2016年13国的可再生能源开发利用绩效评价决策矩阵，见表5－2。

为了计算各个指标的权重，首先需要对各个指标的属性值进行归一化处理，由于本书所选择的研究方法要求数据为非负数，因此，在对数据进行归一化处理之前需要先对数据进行平移变换，把数据序列转换为非负数。具体转换过程为：$x'_{ij}=(x_{ij}-\bar{x}_j)/s_j$，其中，$\bar{x}_j$ 为均值，s_j 为标准差，之后再进行坐标平移以消除负数的影响：$x''_{ij}=x'_{ij}+a$，其中，a 为平移幅度，根据具体操作的实际需求确定，一般来说，只要使数据大于等于零即可。

之后，分别按照式（4－1）和式（4－2）对效益性指标和成本型指标进行归一化处理。在本书的研究中，可再生能源发电装机成本（I_7）、人均二氧化碳排放量（I_{15}）、人均硫氧化物排放量（I_{16}）、人均氮氧化物排放量（I_{17}）、可吸入颗粒物密度（I_{18}）是成本型指标，即指标数值越小，该指标效果越优。其他指标为效益型指标，即指标数值越大，该指标效果越优。平移转换和归一化处理之后的决策矩阵见表5－3。

表5－2　可再生能源开发利用绩效评价原始决策矩阵

[illegible]	2004年	2005年	2006年	2007年	2008年	2009年	2010年	2011年	2012年	2013年	2014年	2015年	2016年
I_1	82.67	82.75	82.88	83.32	82.03	80.94	78.74	79.63	79.73	81.45	79.26	80.28	80.79
I_2	2.90	2.96	3.93	4.13	1.70	0.45	4.86	6.00	2.31	4.11	5.94	6.54	7.02
I_3	42.56	43.34	44.23	45.50	45.33	46.13	44.60	42.92	41.27	40.07	41.84	43.79	43.50
I_4	0.12	0.35	0.47	0.70	0.65	0.41	0.33	0.39	0.32	0.16	0.31	0.37	0.32
I_5	86.61	87.88	87.46	88.97	85.00	89.59	85.42	86.55	83.98	77.64	74.18	75.04	81.16
I_6	4.96	5.34	3.60	7.96	-0.68	6.35	5.38	6.03	-1.65	-3.87	-1.38	-0.23	7.96
I_7	1790	1853	1879	1846	1754	1812	1740	1839	1973	1876	1912	1791	1801
I_8	0.96	1.00	0.99	1.08	1.13	1.12	1.16	1.14	1.13	1.20	1.27	1.34	1.30
I_9	543	519	541	553	588	622	682	733	783	833	881	925	972
I_{10}	5.55	7.06	9.34	13.02	16.51	20.83	24.97	29.26	31.47	32.37	32.84	32.90	32.75
I_{11}	2	3	3	3	3	3	4	6	8	8	8	8	9
I_{12}	1.00	1.01	1.01	1.02	0.93	0.81	0.90	0.92	0.72	0.66	0.60	0.65	0.65

续表

巴西	2004年	2005年	2006年	2007年	2008年	2009年	2010年	2011年	2012年	2013年	2014年	2015年	2016年
I_{13}	0.57	0.65	0.92	1.02	0.73	0.66	1.77	9.34	8.53	9.03	9.34	9.03	8.54
I_{14}	0.06	0.09	0.07	0.05	0.05	0.05	0.05	0.05	0.06	0.07	0.07	0.05	0.06
I_{15}	2.05	2.05	2.04	2.11	2.19	2.03	2.27	2.36	2.52	2.65	2.76	2.60	2.39
I_{16}	6.18	5.93	5.79	5.86	5.91	5.63	5.84	5.71	5.41	5.21	5.09	4.96	4.87
I_{17}	1200	1281	995	998	994	982	1061	1069	1076	1091	1086	1082	1080
I_{18}	11.33	11.20	12.25	12.80	13.22	13.98	14.24	14.94	15.24	14.61	13.99	13.59	12.66

中国	2004年	2005年	2006年	2007年	2008年	2009年	2010年	2011年	2012年	2013年	2014年	2015年	2016年
I_1	24.00	23.01	21.11	21.16	23.12	24.27	25.87	26.49	27.37	29.92	29.92	31.40	32.73
I_2	11.21	12.02	10.39	15.26	21.48	15.90	18.18	12.49	11.88	17.07	9.48	15.53	13.66
I_3	14.44	13.68	12.77	12.46	12.73	12.20	11.59	10.39	10.67	10.81	12.22	12.41	13.30
I_4	0.15	0.36	0.40	0.47	0.56	0.72	0.70	0.60	0.66	0.66	0.86	1.10	0.94
I_5	16.82	16.78	16.13	15.83	18.19	18.23	19.03	17.61	21.05	21.40	24.26	23.72	24.44
I_6	24.42	12.39	10.12	11.61	22.11	7.12	20.59	3.85	25.35	11.02	17.33	8.15	7.33
I_7	1057	1184	1159	1167	1179	1278	1322	1420	1290	1396	1334	1324	1237
I_8	1.23	1.32	1.39	1.40	1.47	1.70	1.76	1.84	1.98	1.99	2.02	2.06	2.11
I_9	705	846	921	1065	1184	852	890	964	1021	1073	1097	1159	1206
I_{10}	5.82	7.98	11.69	16.64	23.53	33.32	45.71	60.02	75.42	89.94	103.73	117.53	121.44
I_{11}	6	8	8	8	8	8	8	8	10	11	11	11	11
I_{12}	0.83	0.81	0.83	0.83	0.80	1.29	1.43	1.32	1.34	0.75	0.76	0.70	0.70
I_{13}	0.09	0.20	0.26	0.40	0.62	0.61	0.67	2.07	2.24	3.38	4.32	4.49	4.63
I_{14}	1.18	1.27	1.17	1.25	1.55	1.51	1.85	1.46	1.53	1.52	1.49	1.28	1.25
I_{15}	3.70	4.10	4.50	4.90	5.00	5.40	5.80	6.40	6.50	6.80	6.70	6.60	6.60
I_{16}	23.66	24.86	25.37	24.75	23.58	23.30	22.32	21.62	20.55	19.73	18.97	17.77	16.09
I_{17}	347.68	353.25	365.27	373.45	379.38	396.43	411.37	423.12	434.71	412.14	382.56	339.05	254.01
I_{18}	66.66	66.99	68.03	68.88	69.55	70.02	70.41	71.48	64.47	66.50	60.53	60.01	53.14

印度	2004年	2005年	2006年	2007年	2008年	2009年	2010年	2011年	2012年	2013年	2014年	2015年	2016年
I_1	26.65	27.48	28.32	28.03	28.91	27.92	27.10	26.23	25.92	23.47	20.77	20.52	21.20
I_2	14.11	9.17	8.84	7.57	7.94	3.32	6.58	10.89	5.78	-1.54	9.23	9.86	15.38
I_3	12.19	12.32	12.56	12.16	11.40	10.56	10.29	10.28	10.33	10.61	10.46	10.47	10.51
I_4	0.38	0.38	0.52	0.52	0.44	0.31	0.51	0.71	0.37	0.26	0.34	0.42	0.65
I_5	14.89	17.08	17.85	18.10	16.51	15.41	15.78	17.19	15.20	16.80	16.23	15.62	16.25
I_6	12.34	20.17	12.52	8.16	-6.42	0.39	9.10	20.19	-7.53	25.33	4.61	2.23	12.02
I_7	1589	1615	1686	1595	1493	1352	1476	1496	1598	1662	1541	1282	1208

续表

印度	2004年	2005年	2006年	2007年	2008年	2009年	2010年	2011年	2012年	2013年	2014年	2015年	2016年
I_8	0. 74	0. 81	0. 80	0. 79	0. 84	0. 82	0. 80	0. 83	0. 69	0. 69	0. 68	0. 63	0. 68
I_9	131	135	140	145	149	154	157	163	171	184	199	216	228
I_{10}	0. 02	0. 04	0. 05	0. 06	0. 08	0. 11	0. 14	0. 17	0. 40	0. 51	0. 95	1. 11	1. 10
I_{11}	7	8	8	8	8	8	9	9	13	12	13	13	13
I_{12}	0. 72	1. 28	1. 18	1. 05	1. 05	1. 02	1. 00	1. 06	1. 00	0. 97	0. 95	0. 90	0. 88
I_{13}	0. 25	0. 19	0. 18	0. 21	0. 13	0. 25	0. 42	0. 76	0. 84	0. 83	0. 91	0. 85	0. 77
I_{14}	0. 03	0. 03	0. 03	0. 03	0. 03	0. 03	0. 03	0. 03	0. 02	0. 02	0. 02	0. 02	0. 02
I_{15}	0. 90	0. 90	1. 00	1. 10	1. 10	1. 20	1. 30	1. 30	1. 40	1. 40	1. 60	1. 50	1. 60
I_{16}	5. 82	5. 97	6. 17	6. 54	6. 98	7. 44	7. 70	8. 12	8. 66	9. 37	9. 52	9. 81	9. 99
I_{17}	185. 20	182. 63	182. 89	183. 28	183. 18	186. 05	189. 69	189. 51	189. 41	188. 58	187. 66	187. 68	187. 51
I_{18}	88. 73	90. 33	91. 88	92. 86	93. 65	94. 53	95. 76	97. 60	88. 17	91. 80	89. 62	89. 30	89. 67
南非	2004年	2005年	2006年	2007年	2008年	2009年	2010年	2011年	2012年	2013年	2014年	2015年	2016年
I_1	1. 60	2. 07	2. 04	2. 03	1. 98	1. 98	1. 98	2. 06	2. 46	2. 67	5. 43	6. 81	9. 00
I_2	0. 00	29. 85	0. 00	0. 00	0. 57	0. 00	0. 23	3. 99	20. 31	9. 37	108. 33	28. 00	40. 63
I_3	10. 72	10. 90	11. 24	10. 51	9. 94	10. 30	10. 66	10. 75	11. 04	11. 16	16. 59	17. 15	12. 00
I_4	0. 02	0. 03	0. 04	0. 04	0. 04	0. 00	0. 00	0. 01	1. 44	1. 34	1. 57	1. 42	0. 30
I_5	0. 55	0. 72	1. 35	0. 48	0. 63	0. 74	1. 00	0. 97	1. 01	1. 10	1. 45	2. 55	3. 32
I_6	15. 34	30. 33	94. 87	-62. 92	28. 32	13. 04	41. 43	-2. 35	2. 03	7. 53	30. 77	73. 53	32. 20
I_7	7609	7168	6727	2056	2812	5404	2284	3057	2105	2514	1820	1518	1288
I_8	0. 81	0. 86	0. 90	0. 88	0. 89	0. 84	0. 74	0. 74	0. 73	0. 73	0. 77	0. 80	0. 82
I_9	371	354	376	387	385	388	363	385	403	434	432	473	494
I_{10}	5. 24	7. 41	8. 99	11. 24	14. 02	16. 26	19. 19	27. 15	34. 26	39. 97	40. 88	40. 41	39. 82
I_{11}	1	1	4	4	4	5	4	2	6	8	8	8	8
I_{12}	1. 58	1. 56	1. 61	1. 61	1. 50	1. 84	2. 21	2. 29	2. 36	2. 34	2. 29	2. 34	1. 55
I_{13}	0. 00	0. 00	0. 00	0. 02	0. 00	0. 00	0. 00	0. 00	0. 02	0. 28	1. 05	1. 31	1. 38
I_{14}	0. 09	0. 11	0. 11	0. 13	0. 07	0. 13	0. 13	0. 15	0. 15	0. 14	0. 14	0. 14	0. 14
I_{15}	8. 00	7. 80	7. 80	8. 00	8. 50	8. 00	8. 00	7. 60	7. 80	7. 90	8. 00	7. 50	7. 40
I_{16}	54. 94	52. 67	52. 67	54. 50	56. 65	53. 65	53. 69	53. 75	51. 80	49. 69	47. 76	46. 46	43. 18
I_{17}	516. 06	519. 19	486. 60	481. 73	452. 30	442. 14	427. 01	413. 61	400. 28	385. 68	375. 37	366. 32	356. 17
I_{18}	26. 31	25. 94	26. 52	26. 72	26. 80	26. 96	27. 03	26. 65	26. 53	26. 61	26. 53	25. 87	24. 99
澳大利亚	2004年	2005年	2006年	2007年	2008年	2009年	2010年	2011年	2012年	2013年	2014年	2015年	2016年
I_1	17. 47	18. 65	18. 77	18. 71	18. 67	18. 53	18. 65	19. 89	20. 36	23. 08	23. 88	25. 37	25. 76
I_2	2. 90	4. 51	1. 67	5. 18	1. 47	4. 35	5. 99	9. 60	4. 66	16. 51	6. 67	6. 25	0. 00

续表

澳大利亚	2004 年	2005 年	2006 年	2007 年	2008 年	2009 年	2010 年	2011 年	2012 年	2013 年	2014 年	2015 年	2016 年
I_3	6. 68	6. 71	6. 85	6. 95	6. 79	7. 11	8. 11	8. 26	8. 25	9. 09	9. 28	9. 18	10. 31
I_4	0. 02	0. 04	0. 04	0. 05	0. 05	0. 11	0. 46	0. 39	0. 40	0. 28	0. 55	0. 18	0. 27
I_5	8. 31	9. 26	9. 77	9. 10	8. 55	8. 32	9. 35	11. 16	10. 13	13. 30	14. 91	13. 64	14. 60
I_6	0. 06	7. 72	7. 67	-2. 86	-6. 02	0. 05	13. 95	19. 93	-11. 11	39. 33	989. 92	-90. 73	11. 64
I_7	3125	2996	3317	3250	3290	3475	4233	4443	2691	2417	2292	2132	1530
I_8	1. 73	1. 85	2. 00	2. 18	2. 25	2. 40	2. 20	2. 13	2. 39	2. 25	2. 20	1. 92	2. 00
I_9	4070	4177	4238	4399	4341	4647	4539	4939	5384	5795	5651	5030	5552
I_{10}	181. 49	204. 32	231. 86	275. 84	317. 38	387. 06	459. 70	521. 49	566. 21	608. 91	638. 02	646. 08	644. 33
I_{11}	4	4	4	4	4	5	5	5	6	7	9	9	10
I_{12}	2. 34	2. 20	1. 96	1. 94	1. 81	1. 83	1. 77	1. 77	2. 00	2. 02	1. 90	1. 67	1. 77
I_{13}	0. 59	0. 75	0. 43	0. 64	0. 23	0. 61	0. 99	2. 00	2. 04	1. 52	1. 00	0. 88	1. 09
I_{14}	0. 62	0. 63	0. 72	0. 71	0. 73	0. 85	0. 92	0. 98	1. 02	1. 03	0. 83	0. 88	0. 88
I_{15}	18. 20	18. 20	18. 10	18. 20	18. 00	18. 00	17. 40	17. 00	16. 70	16. 30	15. 70	15. 70	16. 00
I_{16}	126. 39	124. 90	120. 95	116. 89	117. 78	119. 53	107. 43	111. 27	109. 99	103. 81	105. 92	99. 69	101. 59
I_{17}	109. 39	108. 75	107. 41	106. 33	106. 76	103. 31	105. 42	101. 27	106. 24	107. 65	106. 96	106. 17	107. 00
I_{18}	10. 62	10. 60	11. 15	10. 94	10. 73	12. 36	10. 62	11. 05	10. 54	9. 99	9. 49	9. 32	8. 61

西班牙	2004 年	2005 年	2006 年	2007 年	2008 年	2009 年	2010 年	2011 年	2012 年	2013 年	2014 年	2015 年	2016 年
I_1	31. 37	30. 66	31. 41	32. 96	36. 01	38. 16	31. 94	39. 62	41. 66	42. 45	42. 45	42. 06	43. 40
I_2	-0. 89	7. 47	8. 79	14. 54	15. 37	9. 26	-20. 49	37. 02	9. 14	2. 62	0. 00	0. 00	2. 22
I_3	8. 03	7. 29	8. 47	9. 01	9. 47	12. 22	14. 40	14. 75	15. 11	16. 95	17. 35	16. 27	17. 07
I_4	0. 09	0. 16	0. 16	0. 61	1. 16	0. 27	0. 34	0. 60	0. 46	0. 50	0. 57	0. 49	0. 08
I_5	19. 56	15. 81	18. 75	20. 51	21. 21	26. 80	34. 31	31. 38	30. 99	40. 71	41. 32	36. 01	39. 63
I_6	-9. 84	-16. 17	23. 42	11. 92	6. 71	18. 96	31. 28	-10. 86	-0. 60	34. 02	-1. 31	-11. 91	7. 68
I_7	1972	1936	2201	2808	4498	2732	3404	3596	2329	2557	2495	2295	1376
I_8	1. 04	1. 10	1. 17	1. 23	1. 32	1. 35	1. 35	1. 33	1. 28	1. 26	1. 24	1. 22	1. 19
I_9	2330	2491	2589	2701	2848	2879	2878	2776	2706	2639	2627	2639	2732
I_{10}	37. 11	47. 85	60. 99	77. 87	99. 29	123. 63	148. 34	148. 37	185. 83	196. 33	204. 06	207. 45	208. 27
I_{11}	4	5	6	6	6	6	7	7	9	7	8	9	8
I_{12}	2. 04	1. 99	1. 91	1. 85	1. 68	1. 65	1. 65	1. 61	1. 61	1. 90	1. 89	1. 96	1. 84
I_{13}	1. 34	1. 34	2. 18	3. 79	6. 25	5. 62	5. 87	5. 82	4. 46	4. 88	3. 30	3. 27	2. 88
I_{14}	0. 90	0. 90	0. 98	1. 00	0. 98	1. 07	1. 05	0. 95	0. 89	0. 84	0. 88	0. 86	0. 83
I_{15}	7. 40	7. 60	7. 30	7. 50	6. 70	6. 00	5. 60	5. 70	5. 60	5. 00	5. 00	5. 30	5. 10
I_{16}	28. 84	27. 39	24. 02	23. 00	8. 31	6. 10	5. 20	5. 96	5. 94	4. 72	5. 20	5. 57	4. 67
I_{17}	32. 08	31. 13	29. 55	28. 90	23. 98	21. 11	19. 74	19. 30	18. 57	16. 17	16. 58	16. 68	15. 93
I_{18}	14. 87	15. 22	14. 49	13. 97	13. 24	13. 16	12. 77	12. 37	11. 99	11. 65	11. 28	11. 67	10. 90

续表

加拿大	2004年	2005年	2006年	2007年	2008年	2009年	2010年	2011年	2012年	2013年	2014年	2015年	2016年
I_1	61.10	61.24	61.76	62.63	63.14	62.24	62.96	64.23	64.16	62.68	64.96	64.19	67.36
I_2	0.75	2.52	2.23	2.31	1.73	2.62	1.63	2.49	1.57	-0.74	3.49	6.74	2.11
I_3	15.65	17.03	16.82	17.26	17.38	18.13	17.66	18.17	18.02	18.76	18.29	17.31	17.16
I_4	0.02	0.02	0.03	0.03	0.10	0.25	0.32	0.32	0.24	0.35	0.44	0.20	0.09
I_5	59.63	60.86	60.85	61.26	62.58	63.78	62.52	63.56	64.48	63.04	63.48	63.54	65.01
I_6	0.94	6.27	-2.28	4.12	2.44	-1.33	-3.49	8.75	-0.24	4.83	0.80	1.08	2.21
I_7	1221	1184	1770	1831	1882	2280	2629	2586	3037	2844	2635	2797	2604
I_8	2.01	1.99	1.96	1.92	1.87	1.92	1.84	1.80	1.78	1.71	1.72	1.69	1.69
I_9	4081	4234	4309	4583	4706	4446	4643	4780	4630	4628	4549	4533	4275
I_{10}	62.96	81.50	104.57	143.03	182.21	233.04	287.75	336.84	378.49	411.05	436.06	444.75	441.16
I_{11}	5	6	8	8	8	8	9	9	10	10	10	10	10
I_{12}	1.27	1.21	1.18	1.16	1.12	1.21	1.19	1.17	1.15	1.15	1.15	1.05	1.09
I_{13}	0.71	1.61	1.61	1.06	1.73	1.11	1.12	1.72	0.88	1.46	3.12	7.22	1.63
I_{14}	0.01	0.00	0.01	0.01	0.01	0.01	0.01	0.01	0.01	0.01	0.01	0.01	0.01
I_{15}	16.50	16.70	16.30	17.10	16.30	15.30	15.60	15.60	15.40	15.40	15.30	15.10	14.90
I_{16}	71.33	66.93	59.94	57.70	51.59	43.41	39.59	36.64	35.85	35.13	33.49	29.43	28.68
I_{17}	78.98	75.18	69.96	68.93	65.94	61.46	61.12	58.88	55.17	53.23	51.48	49.06	47.01
I_{18}	11.60	11.75	11.83	11.97	11.60	11.77	11.87	11.93	12.01	12.14	11.19	10.91	10.31

法国	2004年	2005年	2006年	2007年	2008年	2009年	2010年	2011年	2012年	2013年	2014年	2015年	2016年
I_1	16.68	17.23	17.91	18.55	19.60	20.64	21.62	24.22	25.44	25.78	27.34	28.68	29.77
I_2	0.97	2.35	3.87	4.30	6.75	6.59	9.38	14.73	6.58	0.32	6.06	5.71	5.41
I_3	5.85	5.85	5.87	6.27	7.01	7.46	8.05	7.12	8.24	9.11	8.49	9.44	10.58
I_4	0.08	0.09	0.12	0.08	0.14	0.12	0.15	0.24	0.17	0.06	0.22	0.18	0.12
I_5	12.10	10.58	11.63	12.54	13.80	14.00	14.75	12.47	15.52	17.46	17.71	16.96	18.81
I_6	1.63	-11.86	9.50	6.91	11.18	-5.36	12.19	-16.81	24.86	20.71	-0.17	-3.15	8.17
I_7	2663	2017	2060	1949	2762	2746	3532	4465	3764	2530	2155	1744	2120
I_8	2.09	2.04	2.05	2.02	2.06	2.21	2.18	2.19	2.23	2.24	2.28	2.27	2.25
I_9	3324	3307	3419	3580	3653	3739	3864	3935	4068	4153	4234	4307	4441
I_{10}	12.39	15.91	20.81	27.68	37.48	51.11	66.53	79.83	90.76	99.18	105.93	107.58	107.30
I_{11}	7	8	8	8	8	8	7	8	9	9	10	10	9
I_{12}	2.09	2.01	1.96	1.87	1.85	1.88	1.84	1.89	1.90	1.96	1.97	2.25	2.25
I_{13}	0.51	1.03	0.81	1.67	1.84	3.20	2.90	5.76	6.12	5.84	5.84	5.63	5.35
I_{14}	0.84	0.87	0.90	0.87	0.89	0.99	0.99	0.99	1.01	1.02	1.02	1.00	0.95

续表

法国	2004年	2005年	2006年	2007年	2008年	2009年	2010年	2011年	2012年	2013年	2014年	2015年	2016年
I_{15}	5.90	5.90	5.70	5.50	5.40	5.20	5.20	4.80	4.80	4.80	4.30	4.40	4.40
I_{16}	7.01	6.70	5.67	4.76	4.43	4.02	3.72	3.34	2.70	2.53	2.23	2.22	2.23
I_{17}	24.13	23.21	21.70	20.57	18.91	17.48	17.10	16.10	15.56	15.31	14.12	13.68	12.99
I_{18}	14.28	14.70	14.24	13.82	13.57	13.19	14.85	14.88	13.83	13.59	12.29	12.75	11.86
德国	2004年	2005年	2006年	2007年	2008年	2009年	2010年	2011年	2012年	2013年	2014年	2015年	2016年
I_1	19.90	21.99	24.60	25.85	28.09	31.42	35.08	40.24	43.67	45.67	46.46	48.77	50.72
I_2	13.73	11.70	15.47	8.27	13.81	18.34	20.22	18.27	14.69	9.92	8.24	7.61	7.07
I_3	4.29	5.00	5.79	7.11	6.96	7.82	8.48	9.48	10.29	10.59	12.85	13.64	13.81
I_4	0.12	0.14	0.33	0.37	0.40	0.88	1.20	0.85	0.56	0.26	0.29	0.25	0.38
I_5	10.87	11.08	12.38	15.42	15.79	17.83	18.55	22.15	24.38	24.19	28.09	31.06	31.10
I_6	18.88	1.48	14.97	25.48	1.94	5.61	10.46	15.64	12.55	8.30	13.76	13.96	0.46
I_7	3297	3567	3225	3508	3601	3558	3460	2862	2288	2120	1975	1932	1798
I_8	2.42	2.42	2.46	2.45	2.60	2.72	2.71	2.79	2.87	2.83	2.87	2.92	2.93
I_9	3307	3332	3432	3576	3730	3919	4055	4185	4347	4362	4319	4748	4878
I_{10}	81.56	99.02	120.60	148.48	182.24	220.98	261.88	307.26	339.22	360.24	375.53	377.77	376.07
I_{11}	5	6	6	6	6	6	7	7	9	8	8	9	9
I_{12}	2.48	2.41	2.34	2.17	2.14	2.26	2.13	2.17	2.12	2.04	1.95	1.88	1.90
I_{13}	2.01	1.78	1.41	3.21	3.82	4.33	5.05	8.93	8.86	8.80	8.75	8.31	7.73
I_{14}	0.56	0.55	0.55	0.51	0.51	0.72	0.60	0.58	0.60	0.61	0.60	0.58	0.61
I_{15}	9.90	9.70	9.80	9.50	9.60	8.90	9.50	9.10	9.30	9.50	8.90	8.90	8.90
I_{16}	6.03	5.78	5.79	5.60	5.56	4.88	5.06	4.89	4.64	4.51	4.24	4.20	3.89
I_{17}	20.31	19.41	19.31	18.50	17.62	16.45	16.77	16.55	16.12	16.10	15.60	15.25	14.86
I_{18}	15.38	14.58	15.18	14.97	14.89	14.40	15.38	14.99	13.78	13.35	12.95	12.98	12.09
意大利	2004年	2005年	2006年	2007年	2008年	2009年	2010年	2011年	2012年	2013年	2014年	2015年	2016年
I_1	20.61	20.59	19.70	19.87	20.41	22.43	24.87	31.73	34.97	36.80	38.52	41.03	42.98
I_2	2.23	5.03	0.15	5.48	8.26	13.04	16.38	41.90	15.58	5.90	2.17	2.13	2.08
I_3	6.24	5.91	6.30	6.15	7.20	8.66	9.34	10.43	13.08	15.12	15.73	18.45	18.40
I_4	0.16	0.16	0.17	0.14	0.21	0.27	0.65	1.32	0.68	0.17	0.09	0.07	0.10
I_5	19.78	17.82	17.98	16.96	20.15	25.86	27.76	29.79	32.67	40.10	44.41	39.93	38.87
I_6	22.96	-9.67	4.73	-5.43	21.11	18.66	11.43	8.56	7.59	26.58	7.43	-9.67	-0.37
I_7	2258	1988	2421	2502	3310	3692	4297	4577	2786	2218	2308	2234	2752
I_8	1.05	1.05	1.09	1.13	1.16	1.22	1.22	1.21	1.27	1.31	1.34	1.34	1.38
I_9	1231	1403	1497	1568	1609	1708	1732	1776	1853	1947	1983	2115	2250

续表

意大利	2004年	2005年	2006年	2007年	2008年	2009年	2010年	2011年	2012年	2013年	2014年	2015年	2016年
I_{10}	3.78	5.09	7.22	10.99	16.39	24.32	32.00	40.03	46.04	49.77	49.73	50.07	50.26
I_{11}	5	6	6	8	8	8	11	11	12	12	11	11	10
I_{12}	1.38	2.68	2.74	2.60	2.56	2.79	3.18	3.41	3.80	3.68	3.85	3.91	3.54
I_{13}	0.02	0.02	0.01	0.03	0.06	0.11	0.15	0.46	0.27	0.09	0.02	0.03	0.04
I_{14}	0.80	0.80	0.73	0.77	0.81	0.88	0.86	0.88	0.90	0.97	0.94	0.93	0.91
I_{15}	7.90	7.80	7.70	7.50	7.20	6.40	6.60	6.40	6.10	5.60	5.30	5.40	5.40
I_{16}	8.42	7.03	6.62	5.88	4.92	4.02	3.68	3.29	2.97	2.44	2.18	2.06	1.93
I_{17}	23.13	22.05	20.77	19.75	18.24	16.75	16.40	15.69	14.63	13.66	13.31	12.85	12.43
I_{18}	18.90	19.42	19.63	19.17	18.76	18.51	19.00	19.85	18.22	17.73	17.59	17.68	16.34
日本	2004年	2005年	2006年	2007年	2008年	2009年	2010年	2011年	2012年	2013年	2014年	2015年	2016年
I_1	9.51	9.74	10.02	9.85	9.93	10.07	10.64	10.97	11.41	13.58	19.05	22.26	23.99
I_2	2.26	3.20	3.46	-1.60	1.77	2.37	6.57	3.97	6.16	22.55	26.83	21.15	12.70
I_3	3.27	3.15	3.33	3.17	3.23	3.34	3.83	4.18	4.14	4.45	5.50	6.18	6.60
I_4	0.09	0.04	0.03	0.16	0.23	0.02	0.16	0.15	0.26	0.55	0.71	0.82	0.29
I_5	11.60	10.22	11.17	9.64	10.47	10.84	11.04	11.40	12.66	12.60	14.01	16.18	17.18
I_6	0.35	-11.01	11.29	-10.43	2.04	0.72	7.87	2.13	3.97	9.77	7.56	14.90	7.27
I_7	5875	4828	4221	7048	5501	5681	5093	4842	3681	3277	3009	2209	2379
I_8	3.03	3.18	3.28	3.34	3.34	3.23	3.14	3.25	3.21	3.32	3.40	3.28	3.14
I_9	5099	5304	5333	5325	5108	5099	5103	5110	5033	5147	5329	5173	5210
I_{10}	139.66	166.73	194.29	225.07	264.87	320.30	385.93	456.35	533.58	591.67	632.72	648.40	653.43
I_{11}	6	7	7	7	7	7	6	6	8	8	7	7	7
I_{12}	1.74	1.75	1.72	1.68	1.61	1.68	1.60	1.60	1.58	1.55	1.50	1.36	1.35
I_{13}	0.24	0.25	0.42	0.17	0.10	0.30	0.62	0.54	0.91	3.30	5.70	5.85	4.68
I_{14}	1.33	1.31	1.20	1.14	1.13	1.40	1.17	1.21	1.10	1.12	1.18	1.15	1.18
I_{15}	9.10	9.10	9.00	9.30	8.70	8.20	8.60	9.10	9.40	9.60	9.30	9.10	9.00
I_{16}	8.25	7.88	7.56	7.21	6.69	6.24	6.01	5.67	5.64	5.58	5.51	5.48	5.49
I_{17}	15.43	15.22	14.56	13.85	12.81	12.13	12.15	11.67	11.31	10.87	10.45	10.18	11.13
I_{18}	14.33	14.52	14.85	14.57	14.43	14.21	14.41	14.37	13.36	13.56	12.77	12.89	11.79
英国	2004年	2005年	2006年	2007年	2008年	2009年	2010年	2011年	2012年	2013年	2014年	2015年	2016年
I_1	3.55	5.68	6.19	6.91	8.02	9.26	9.97	13.42	16.51	20.96	26.04	31.96	37.11
I_2	7.27	65.20	10.53	11.58	17.86	18.02	15.33	33.34	25.42	29.15	25.00	24.00	16.13
I_3	1.32	1.60	1.77	2.05	2.22	2.56	2.58	3.27	3.66	4.40	5.07	7.41	8.77
I_4	0.15	0.16	0.20	0.18	0.23	0.44	0.20	0.49	0.40	0.44	0.46	0.77	0.90

续表

英国	2004年	2005年	2006年	2007年	2008年	2009年	2010年	2011年	2012年	2013年	2014年	2015年	2016年
I_5	4.41	5.25	5.55	5.84	6.46	7.71	7.64	10.62	11.99	15.10	20.67	26.47	26.81
I_6	21.02	19.55	5.18	4.89	8.58	15.50	0.83	33.66	11.02	38.46	25.42	28.33	1.44
I_7	3064	2623	2129	2298	2308	1802	2793	3433	2385	2508	2226	1919	1944
I_8	1.61	1.63	1.65	1.68	1.69	1.74	1.69	1.69	1.60	1.65	1.67	1.67	1.69
I_9	3824	4124	4178	4114	4058	4083	4053	3939	3987	4141	4254	4350	4392
I_{10}	12.54	17.67	23.63	33.22	44.80	56.09	70.32	81.85	91.99	99.99	106.20	108.97	108.53
I_{11}	4	5	5	5	5	6	7	9	10	10	9	9	8
I_{12}	2.50	2.35	2.26	2.31	2.29	2.42	2.46	2.41	2.37	2.36	2.31	2.41	2.43
I_{13}	0.32	0.66	0.12	0.26	0.36	0.51	1.05	2.58	1.10	2.34	2.73	3.29	3.51
I_{14}	0.70	1.36	0.85	0.91	0.86	0.98	0.97	0.88	0.83	0.77	0.80	0.77	0.73
I_{15}	8.90	8.80	8.80	8.50	8.20	7.40	7.60	6.90	7.20	7.00	6.30	6.00	5.70
I_{16}	14.93	12.81	11.96	10.29	8.51	6.88	7.08	6.48	7.12	6.10	4.92	3.79	2.64
I_{17}	29.86	29.43	27.99	26.59	23.54	20.22	19.65	18.07	18.31	17.26	16.05	15.39	13.92
I_{18}	13.08	12.68	12.50	12.15	11.83	11.50	11.39	11.16	11.09	10.81	10.80	10.75	10.50

美国	2004年	2005年	2006年	2007年	2008年	2009年	2010年	2011年	2012年	2013年	2014年	2015年	2016年
I_1	10.08	10.19	10.43	10.93	11.62	12.48	12.85	13.44	14.83	15.40	16.73	18.06	19.69
I_2	-0.44	2.60	3.19	5.76	7.90	9.05	4.35	5.82	11.56	4.05	9.76	7.78	10.31
I_3	4.38	4.52	4.72	4.66	5.09	5.46	5.65	6.20	6.04	6.45	7.13	7.11	7.44
I_4	0.04	0.09	0.21	0.27	0.24	0.16	0.23	0.32	0.24	0.21	0.22	0.26	0.24
I_5	9.21	9.14	9.81	8.78	9.53	10.88	10.67	12.87	12.56	12.83	13.65	13.89	15.51
I_6	-0.98	1.30	7.63	-8.47	7.61	9.40	2.46	19.82	-3.63	8.71	7.06	1.23	11.80
I_7	2214	1836	1803	2138	2293	2379	2452	2594	2459	3305	2604	2094	2048
I_8	2.49	2.51	2.55	2.63	2.77	2.82	2.74	2.77	2.71	2.73	2.73	2.73	2.77
I_9	3787	3741	3805	3781	3937	4093	3890	4034	4000	4102	4217	4280	4256
I_{10}	29.74	40.08	52.91	70.70	95.76	129.03	168.64	208.11	244.16	275.55	301.34	314.45	317.82
I_{11}	10	10	10	10	10	10	12	12	12	12	11	11	10
I_{12}	1.19	1.19	1.14	1.12	1.08	1.07	1.05	1.04	1.02	0.99	0.98	0.96	0.71
I_{13}	0.14	0.18	0.33	0.40	0.47	0.26	0.42	1.44	1.95	1.98	2.27	2.40	2.41
I_{14}	0.44	0.43	0.42	0.41	0.40	0.40	0.40	0.40	0.39	0.38	0.38	0.38	0.38
I_{15}	19.40	19.30	18.70	18.80	18.10	16.70	17.30	16.40	15.60	15.90	15.80	15.30	14.90
I_{16}	44.57	44.15	39.43	34.81	30.37	26.48	22.31	18.44	14.29	13.60	13.02	10.15	8.06
I_{17}	65.25	61.73	57.74	53.82	49.80	46.02	42.95	41.41	39.27	37.17	35.27	32.94	31.23
I_{18}	13.78	13.67	13.27	12.77	12.52	12.14	11.79	11.41	11.03	10.75	10.37	9.87	9.72

表 5 - 3　　　　　　　　可再生能源开发利用绩效评价归一化决策矩阵

巴西	2004年	2005年	2006年	2007年	2008年	2009年	2010年	2011年	2012年	2013年	2014年	2015年	2016年
I_1	0.9922	0.9932	0.9947	1.0000	0.9845	0.9714	0.9451	0.9558	0.9569	0.9776	0.9513	0.9636	0.9697
I_2	0.1816	0.1821	0.1896	0.1911	0.1723	0.1625	0.1968	0.2056	0.1770	0.1910	0.2052	0.2099	0.2136
I_3	0.9226	0.9394	0.9587	0.9862	0.9825	1.0000	0.9668	0.9303	0.8947	0.8685	0.9070	0.9492	0.9429
I_4	0.0762	0.2217	0.2993	0.4472	0.4173	0.2601	0.2078	0.2486	0.2017	0.1005	0.1999	0.2370	0.2023
I_5	0.9667	0.9810	0.9763	0.9931	0.9488	1.0000	0.9535	0.9661	0.9374	0.8666	0.8280	0.8377	0.9059
I_6	0.0886	0.0889	0.0873	0.0913	0.0833	0.0898	0.0889	0.0895	0.0824	0.0804	0.0827	0.0837	0.0913
I_7	0.5903	0.5704	0.5623	0.5726	0.6027	0.5831	0.6074	0.5747	0.5357	0.5633	0.5529	0.5901	0.5867
I_8	0.2832	0.2947	0.2906	0.3179	0.3321	0.3291	0.3412	0.3353	0.3315	0.3518	0.3735	0.3950	0.3812
I_9	0.0936	0.0895	0.0933	0.0953	0.1014	0.1074	0.1177	0.1266	0.1352	0.1437	0.1521	0.1597	0.1677
I_{10}	0.0085	0.0108	0.0143	0.0199	0.0253	0.0319	0.0382	0.0448	0.0482	0.0495	0.0503	0.0504	0.0501
I_{11}	0.1538	0.2308	0.2308	0.2308	0.2308	0.2308	0.3077	0.4615	0.6154	0.6154	0.6154	0.6154	0.6923
I_{12}	0.2564	0.2574	0.2596	0.2619	0.2389	0.2086	0.2300	0.2353	0.1846	0.1703	0.1536	0.1665	0.1659
I_{13}	0.0605	0.0694	0.0989	0.1090	0.0781	0.0708	0.1890	1.0000	0.9125	0.9666	0.9995	0.9663	0.9139
I_{14}	0.0325	0.0487	0.0379	0.0271	0.0271	0.0271	0.0271	0.0271	0.0325	0.0379	0.0379	0.0271	0.0325
I_{15}	0.4383	0.4399	0.4416	0.4274	0.4113	0.4436	0.3956	0.3817	0.3578	0.3391	0.3256	0.3467	0.3772
I_{16}	0.3117	0.3250	0.3328	0.3291	0.3262	0.3423	0.3304	0.3379	0.3561	0.3702	0.3788	0.3884	0.3963
I_{17}	0.0085	0.0079	0.0102	0.0102	0.0102	0.0104	0.0096	0.0095	0.0095	0.0093	0.0094	0.0094	0.0094
I_{18}	0.7606	0.7693	0.7030	0.6732	0.6518	0.6160	0.6051	0.5768	0.5654	0.5896	0.6158	0.6337	0.6805
中国	2004年	2005年	2006年	2007年	2008年	2009年	2010年	2011年	2012年	2013年	2014年	2015年	2016年
I_1	0.2880	0.2762	0.2533	0.2540	0.2775	0.2913	0.3105	0.3179	0.3285	0.3591	0.3591	0.3769	0.3928
I_2	0.2461	0.2524	0.2397	0.2775	0.3258	0.2825	0.3002	0.2560	0.2513	0.2916	0.2327	0.2797	0.2651
I_3	0.3129	0.2964	0.2767	0.2700	0.2760	0.2645	0.2513	0.2252	0.2314	0.2342	0.2650	0.2691	0.2883
I_4	0.0978	0.2207	0.2571	0.2901	0.3580	[illegible]	[illegible]	[illegible]	0.4111	0.4717	0.5466	0.7026	0.6016
I_5	0.1878	0.1873	0.1801	0.1767	0.2031	0.2034	0.2124	0.1965	0.2349	0.2388	0.2708	0.2648	0.2728
I_6	0.1066	0.0954	0.0933	0.0947	0.1044	0.0906	0.1030	0.0875	0.1074	0.0942	0.1000	0.0915	0.0907
I_7	1.0000	0.8924	0.9116	0.9054	0.8966	0.8272	0.7993	0.7442	0.8194	0.7569	0.7922	0.7981	0.8546
I_8	0.3618	0.3882	0.4088	0.4118	0.4324	0.5000	0.5176	0.5412	0.5824	0.5853	0.5944	0.6047	0.6200
I_9	0.1216	0.1461	0.1589	0.1837	0.2044	0.1471	0.1537	0.1663	0.1762	0.1852	0.1892	0.2000	0.2081
I_{10}	0.0089	0.0122	0.0179	0.0255	0.0360	0.0510	0.0700	0.0919	0.1154	0.1376	0.1587	0.1799	0.1859
I_{11}	0.4615	0.6154	0.6154	0.6154	0.6154	0.6154	0.6154	0.6154	0.7692	0.8462	0.8462	0.8462	0.8462
I_{12}	0.2130	0.2080	0.2123	0.2135	0.2058	0.3299	0.3656	0.3374	0.3444	0.1932	0.1954	0.1802	0.1793
I_{13}	0.0093	0.0209	0.0282	0.0431	0.0661	0.0653	0.0721	0.2217	0.2401	0.3616	0.4629	0.4801	0.4958
I_{14}	0.6389	0.6902	0.6331	0.6790	0.8373	0.8168	1.0000	0.7893	0.8297	0.8251	0.8084	0.6950	0.6745

续表

中国	2004年	2005年	2006年	2007年	2008年	2009年	2010年	2011年	2012年	2013年	2014年	2015年	2016年
I_{15}	0.2432	0.2195	0.2000	0.1837	0.1800	0.1667	0.1552	0.1406	0.1385	0.1324	0.1343	0.1364	0.1364
I_{16}	0.0815	0.0775	0.0760	0.0779	0.0818	0.0827	0.0864	0.0892	0.0938	0.0977	0.1017	0.1085	0.1198
I_{17}	0.0293	0.0288	0.0279	0.0272	0.0268	0.0257	0.0247	0.0240	0.0234	0.0247	0.0266	0.0300	0.0401
I_{18}	0.1292	0.1286	0.1266	0.1251	0.1239	0.1230	0.1223	0.1205	0.1336	0.1295	0.1423	0.1435	0.1621

印度	2004年	2005年	2006年	2007年	2008年	2009年	2010年	2011年	2012年	2013年	2014年	2015年	2016年
I_1	0.3199	0.3298	0.3399	0.3364	0.3470	0.3351	0.3252	0.3149	0.3111	0.2816	0.2492	0.2463	0.2544
I_2	0.2686	0.2303	0.2277	0.2179	0.2207	0.1849	0.2102	0.2436	0.2039	0.1471	0.2307	0.2356	0.2785
I_3	0.2642	0.2670	0.2723	0.2636	0.2471	0.2289	0.2230	0.2228	0.2239	0.2300	0.2267	0.2269	0.2278
I_4	0.2427	0.2409	0.3322	0.3301	0.2818	0.1995	0.3272	0.4546	0.2337	0.1682	0.2189	0.2667	0.4119
I_5	0.1662	0.1906	0.1992	0.2020	0.1842	0.1720	0.1761	0.1919	0.1696	0.1876	0.1811	0.1743	0.1814
I_6	0.0954	0.1026	0.0956	0.0915	0.0780	0.0843	0.0924	0.1026	0.0770	0.1074	0.0882	0.0860	0.0951
I_7	0.6650	0.6544	0.6268	0.6628	0.7080	0.7816	0.7158	0.7066	0.6613	0.6360	0.6860	0.8246	0.8752
I_8	0.2188	0.2384	0.2345	0.2326	0.2474	0.2408	0.2345	0.2444	0.2029	0.2029	0.2013	0.1845	0.2008
I_9	0.0226	0.0234	0.0241	0.0250	0.0257	0.0265	0.0270	0.0282	0.0296	0.0317	0.0343	0.0373	0.0394
I_{10}	0.0000	0.0001	0.0001	0.0001	0.0001	0.0002	0.0002	0.0003	0.0006	0.0008	0.0015	0.0017	0.0017
I_{11}	0.5385	0.6154	0.6154	0.6154	0.6154	0.6154	0.6923	0.6923	1.0000	0.9231	1.0000	1.0000	1.0000
I_{12}	0.1850	0.3268	0.3022	0.2692	0.2685	0.2611	0.2562	0.2710	0.2568	0.2485	0.2431	0.2305	0.2254
I_{13}	0.0266	0.0207	0.0192	0.0228	0.0138	0.0265	0.0452	0.0810	0.0903	0.0886	0.0972	0.0910	0.0828
I_{14}	0.0181	0.0158	0.0177	0.0177	0.0156	0.0182	0.0187	0.0152	0.0107	0.0108	0.0105	0.0110	0.0117
I_{15}	1.0000	1.0000	0.9000	0.8182	0.8182	0.7500	0.6923	0.6923	0.6429	0.6429	0.5625	0.6000	0.5625
I_{16}	0.3312	0.3229	0.3127	0.2946	0.2763	0.2593	0.2503	0.2375	0.2226	0.2058	0.2025	0.1965	0.1931
I_{17}	0.0549	0.0557	0.0556	0.0555	0.0555	0.0547	0.0536	0.0537	0.0537	0.0540	0.0542	0.0542	0.0543
I_{18}	0.0971	0.0954	0.0938	0.0928	0.0920	0.0911	0.0900	0.0883	0.0977	0.0938	0.0961	0.0965	0.0961

南非	2004年	2005年	2006年	2007年	2008年	2009年	2010年	2011年	2012年	2013年	2014年	2015年	2016年
I_1	0.0192	0.0248	0.0245	0.0243	0.0237	0.0237	0.0238	0.0247	0.0296	0.0320	0.0652	0.0817	0.1080
I_2	0.1591	0.3908	0.1591	0.1591	0.1635	0.1591	0.1609	0.1901	0.3167	0.2318	1.0000	0.3764	0.4744
I_3	0.2324	0.2364	0.2436	0.2278	0.2154	0.2232	0.2310	0.2329	0.2394	0.2419	0.3596	0.3717	0.2602
I_4	0.0139	0.0175	0.0232	0.0228	0.0234	0.0022	0.0030	0.0042	0.9169	0.8520	1.0000	0.9038	0.1923
I_5	0.0062	0.0080	0.0151	0.0054	0.0071	0.0083	0.0112	0.0109	0.0113	0.0122	0.0161	0.0285	0.0370
I_6	0.0982	0.1120	0.1717	0.0257	0.1102	0.0960	0.1223	0.0818	0.0858	0.0909	0.1124	0.1520	0.1138
I_7	0.1389	0.1475	0.1571	0.5141	0.3759	0.1956	0.4627	0.3457	0.5022	0.4204	0.5806	0.6963	0.8205
I_8	0.2392	0.2539	0.2642	0.2597	0.2612	0.2458	0.2168	0.2162	0.2159	0.2132	0.2268	0.2347	0.2412

续表

南非	2004年	2005年	2006年	2007年	2008年	2009年	2010年	2011年	2012年	2013年	2014年	2015年	2016年
I_9	0.0641	0.0612	0.0649	0.0668	0.0664	0.0670	0.0626	0.0664	0.0696	0.0749	0.0746	0.0816	0.0852
I_{10}	0.0080	0.0113	0.0138	0.0172	0.0215	0.0249	0.0294	0.0416	0.0524	0.0612	0.0626	0.0618	0.0609
I_{11}	0.0769	0.0769	0.3077	0.3077	0.3077	0.3846	0.3077	0.1538	0.4615	0.6154	0.6154	0.6154	0.6154
I_{12}	0.4046	0.3995	0.4120	0.4127	0.3847	0.4718	0.5661	0.5859	0.6048	0.6001	0.5857	0.6001	0.3969
I_{13}	0.0001	0.0001	0.0002	0.0024	0.0004	0.0002	0.0001	0.0004	0.0019	0.0295	0.1121	0.1400	0.1475
I_{14}	0.0477	0.0572	0.0575	0.0688	0.0378	0.0679	0.0713	0.0819	0.0833	0.0760	0.0746	0.0777	0.0767
I_{15}	0.1125	0.1154	0.1154	0.1125	0.1059	0.1125	0.1125	0.1184	0.1154	0.1139	0.1125	0.1200	0.1216
I_{16}	0.0351	0.0366	0.0366	0.0354	0.0340	0.0359	0.0359	0.0359	0.0372	0.0388	0.0404	0.0415	0.0446
I_{17}	0.0197	0.0196	0.0209	0.0211	0.0225	0.0230	0.0238	0.0246	0.0254	0.0264	0.0271	0.0278	0.0286
I_{18}	0.3275	0.3321	0.3248	0.3224	0.3215	0.3195	0.3186	0.3232	0.3247	0.3238	0.3247	0.3330	0.3447

澳大利亚	2004年	2005年	2006年	2007年	2008年	2009年	2010年	2011年	2012年	2013年	2014年	2015年	2016年
I_1	0.2097	0.2238	0.2253	0.2246	0.2240	0.2225	0.2239	0.2387	0.2443	0.2770	0.2866	0.3045	0.3092
I_2	0.1816	0.1941	0.1720	0.1993	0.1705	0.1928	0.2056	0.2336	0.1953	0.2872	0.2108	0.2076	0.1591
I_3	0.1448	0.1455	0.1485	0.1507	0.1472	0.1542	0.1758	0.1790	0.1788	0.1970	0.2011	0.1990	0.2236
I_4	0.0151	0.0230	0.0225	0.0325	0.0301	0.0687	0.2948	0.2511	0.2552	0.1780	0.3475	0.1132	0.1739
I_5	0.0927	0.1033	0.1091	0.1015	0.0954	0.0929	0.1044	0.1246	0.1131	0.1484	0.1664	0.1522	0.1629
I_6	0.0840	0.0911	0.0911	0.0813	0.0784	0.0840	0.0969	0.1024	0.0737	0.1204	1.0000	0.0000	0.0947
I_7	0.3382	0.3528	0.3186	0.3252	0.3212	0.3041	0.2497	0.2379	0.3927	0.4373	0.4611	0.4957	0.6909
I_8	0.5088	0.5451	0.5882	0.6418	0.6618	0.7063	0.6471	0.6265	0.7017	0.6615	0.6471	0.5656	0.5882
I_9	0.7023	0.7208	0.7314	0.7590	0.7491	0.8020	0.7834	0.8523	0.9291	1.0000	0.9752	0.8680	0.9581
I_{10}	0.2778	0.3127	0.3548	0.4221	0.4857	0.5924	0.7035	0.7981	0.8665	0.9319	0.9764	0.9887	0.9861
I_{11}	0.3077	0.3077	0.3077	0.3077	0.3077	0.3846	0.3846	0.3846	0.4615	0.5385	0.6923	0.6923	0.7692
I_{12}	0.5986	0.5623	0.5028	0.4962	0.4624	0.4695	0.4524	0.4524	0.5114	0.5165	0.4874	0.4289	0.4533
I_{13}	0.0627	0.0806	0.0456	0.0682	0.0246	0.0651	0.1064	0.2139	0.2182	0.1624	0.1067	0.0937	0.1165
I_{14}	0.3364	0.3421	0.3921	0.3832	0.3935	0.4618	0.4976	0.5295	0.5538	0.5569	0.4504	0.4759	0.4764
I_{15}	0.0495	0.0495	0.0497	0.0495	0.0500	0.0500	0.0517	0.0529	0.0539	0.0552	0.0573	0.0573	0.0563
I_{16}	0.0153	0.0154	0.0159	0.0165	0.0164	0.0161	0.0179	0.0173	0.0175	0.0186	0.0182	0.0193	0.0190
I_{17}	0.0930	0.0936	0.0947	0.0957	0.0953	0.0985	0.0965	0.1005	0.0958	0.0945	0.0951	0.0958	0.0951
I_{18}	0.8114	0.8129	0.7728	0.7873	0.8029	0.6969	0.8112	0.7798	0.8175	0.8625	0.9075	0.9243	1.0000

西班牙	2004年	2005年	2006年	2007年	2008年	2009年	2010年	2011年	2012年	2013年	2014年	2015年	2016年
I_1	0.3765	0.3680	0.3770	0.3956	0.4322	0.4580	0.3834	0.4756	0.5000	0.5095	0.5095	0.5048	0.5209
I_2	0.1521	0.2171	0.2273	0.2720	0.2784	0.2310	0.0000	0.4465	0.2300	0.1794	0.1591	0.1591	0.1763
I_3	0.1741	0.1580	0.1836	0.1953	0.2053	0.2649	0.3121	0.3197	0.3275	0.3674	0.3761	0.3527	0.3700

续表

西班牙	2004年	2005年	2006年	2007年	2008年	2009年	2010年	2011年	2012年	2013年	2014年	2015年	2016年
I_4	0.0596	0.0992	0.1008	0.3879	0.7408	0.1701	0.2182	0.3856	0.2959	0.3183	0.3658	0.3137	0.0515
I_5	0.2184	0.1765	0.2093	0.2289	0.2367	0.2992	0.3829	0.3503	0.3459	0.4544	0.4612	0.4020	0.4423
I_6	0.0749	0.0690	0.1056	0.0950	0.0902	0.1015	0.1129	0.0739	0.0834	0.1154	0.0828	0.0729	0.0911
I_7	0.5361	0.5459	0.4802	0.3764	0.2350	0.3868	0.3105	0.2939	0.4538	0.4134	0.4235	0.4606	0.7679
I_8	0.3054	0.3223	0.3448	0.3631	0.3874	0.3975	0.3970	0.3897	0.3777	0.3711	0.3632	0.3588	0.3485
I_9	0.4020	0.4299	0.4468	0.4662	0.4914	0.4968	0.4966	0.4791	0.4669	0.4554	0.4534	0.4554	0.4715
I_{10}	0.0568	0.0732	0.0933	0.1192	0.1520	0.1892	0.2270	0.2271	0.2844	0.3005	0.3123	0.3175	0.3187
I_{11}	0.3077	0.3846	0.4615	0.4615	0.4615	0.4615	0.5385	0.5385	0.6923	0.5385	0.6154	0.6923	0.6154
I_{12}	0.5230	0.5083	0.4879	0.4740	0.4291	0.4223	0.4217	0.4123	0.4121	0.4877	0.4829	0.5007	0.4706
I_{13}	0.1433	0.1439	0.2330	0.4057	0.6694	0.6017	0.6284	0.6224	0.4769	0.5223	0.3529	0.3504	0.3079
I_{14}	0.4883	0.4872	0.5281	0.5392	0.5279	0.5779	0.5689	0.5146	0.4843	0.4550	0.4745	0.4660	0.4517
I_{15}	0.1216	0.1184	0.1233	0.1200	0.1343	0.1500	0.1607	0.1579	0.1607	0.1800	0.1800	0.1698	0.1765
I_{16}	0.0668	0.0704	0.0803	0.0838	0.2321	0.3160	0.3708	0.3235	0.3247	0.4086	0.3707	0.3463	0.4132
I_{17}	0.3171	0.3269	0.3443	0.3521	0.4244	0.4820	0.5155	0.5273	0.5480	0.6293	0.6137	0.6100	0.6386
I_{18}	0.5792	0.5658	0.5947	0.6168	0.6506	0.6548	0.6745	0.6964	0.7188	0.7394	0.7637	0.7379	0.7906

加拿大	2004年	2005年	2006年	2007年	2008年	2009年	2010年	2011年	2012年	2013年	2014年	2015年	2016年
I_1	0.7334	0.7350	0.7412	0.7517	0.7578	0.7470	0.7556	0.7710	0.7701	0.7523	0.7797	0.7704	0.8085
I_2	0.1649	0.1787	0.1764	0.1770	0.1725	0.1794	0.1717	0.1784	0.1712	0.1534	0.1862	0.2114	0.1754
I_3	0.3392	0.3691	0.3646	0.3742	0.3767	0.3930	0.3829	0.3939	0.3906	0.4067	0.3965	0.3751	0.3719
I_4	0.0125	0.0125	0.0166	0.0196	0.0617	0.1581	0.2055	0.2041	0.1541	0.2215	0.2831	0.1273	0.0543
I_5	0.6656	0.6794	0.6792	0.6838	0.6985	0.7119	0.6979	0.7095	0.7198	0.7036	0.7086	0.7092	0.7256
I_6	0.0848	0.0898	0.0819	0.0878	0.0862	0.0827	0.0807	0.0921	0.0837	0.0884	0.0847	0.0850	0.0860
I_7	0.8659	0.8924	0.5972	0.5774	0.5614	0.4636	0.4020	0.4086	0.3480	0.3716	0.4010	0.3779	0.4059
I_8	0.5922	0.5842	0.5752	0.5641	0.5495	0.5655	0.5405	0.5290	0.5226	0.5029	0.5053	0.4968	0.4965
I_9	0.7042	0.7306	0.7435	0.7909	0.8121	0.7672	0.8013	0.8249	0.7990	0.7987	0.7851	0.7822	0.7377
I_{10}	0.0964	0.1247	0.1600	0.2189	0.2789	0.3566	0.4404	0.5155	0.5792	0.6291	0.6673	0.6806	0.6751
I_{11}	0.3846	0.4615	0.6154	0.6154	0.6154	0.6154	0.6923	0.6923	0.7692	0.7692	0.7692	0.7692	0.7692
I_{12}	0.3247	0.3106	0.3032	0.2963	0.2867	0.3111	0.3058	0.2987	0.2939	0.2949	0.2933	0.2689	0.2791
I_{13}	0.0764	0.1728	0.1726	0.1136	0.1846	0.1192	0.1199	0.1840	0.0938	0.1567	0.3336	0.7731	0.1743
I_{14}	0.0031	0.0017	0.0036	0.0032	0.0031	0.0036	0.0032	0.0030	0.0032	0.0033	0.0035	0.0035	0.0030
I_{15}	0.0545	0.0539	0.0552	0.0526	0.0552	0.0588	0.0577	0.0577	0.0584	0.0584	0.0588	0.0596	0.0604
I_{16}	0.0270	0.0288	0.0322	0.0334	0.0374	0.0444	0.0487	0.0526	0.0538	0.0549	0.0576	0.0655	0.0672
I_{17}	0.1288	0.1353	0.1454	0.1476	0.1543	0.1656	0.1665	0.1728	0.1844	0.1911	0.1976	0.2074	0.2165
I_{18}	0.7429	0.7330	0.7279	0.7196	0.7424	0.7320	0.7258	0.7221	0.7176	0.7098	0.7701	0.7896	0.8358

续表

法国	2004年	2005年	2006年	2007年	2008年	2009年	2010年	2011年	2012年	2013年	2014年	2015年	2016年
I_1	0.2002	0.2068	0.2150	0.2226	0.2352	0.2477	0.2595	0.2907	0.3053	0.3094	0.3282	0.3443	0.3573
I_2	0.1666	0.1774	0.1892	0.1925	0.2115	0.2103	0.2319	0.2734	0.2102	0.1615	0.2061	0.2034	0.2010
I_3	0.1268	0.1269	0.1272	0.1360	0.1519	0.1618	0.1746	0.1543	0.1786	0.1974	0.1840	0.2047	0.2294
I_4	0.0512	0.0581	0.0757	0.0480	0.0874	0.0758	0.0965	0.1553	0.1093	0.0397	0.1431	0.1150	0.0779
I_5	0.1351	0.1181	0.1299	0.1399	0.1540	0.1563	0.1646	0.1392	0.1732	0.1949	0.1976	0.1893	0.2099
I_6	0.0855	0.0730	0.0928	0.0904	0.0943	0.0790	0.0952	0.0684	0.1070	0.1031	0.0838	0.0810	0.0915
I_7	0.3969	0.5240	0.5131	0.5422	0.3826	0.3849	0.2992	0.2367	0.2808	0.4178	0.4904	0.6062	0.4985
I_8	0.6136	0.6013	0.6016	0.5941	0.6052	0.6497	0.6397	0.6443	0.6556	0.6598	0.6694	0.6668	0.6612
I_9	0.5736	0.5707	0.5900	0.6179	0.6303	0.6452	0.6668	0.6790	0.7021	0.7167	0.7306	0.7433	0.7664
I_{10}	0.0190	0.0243	0.0318	0.0424	0.0574	0.0782	0.1018	0.1222	0.1389	0.1518	0.1621	0.1646	0.1642
I_{11}	0.5385	0.6154	0.6154	0.6154	0.6154	0.6154	0.5385	0.6154	0.6923	0.6923	0.7692	0.7692	0.6923
I_{12}	0.5340	0.5145	0.5023	0.4778	0.4744	0.4805	0.4719	0.4827	0.4871	0.5008	0.5052	0.5763	0.5770
I_{13}	0.0545	0.1100	0.0872	0.1787	0.1966	0.3423	0.3102	0.6163	0.6551	0.6246	0.6251	0.6021	0.5727
I_{14}	0.4534	0.4699	0.4849	0.4706	0.4836	0.5370	0.5381	0.5367	0.5445	0.5536	0.5539	0.5438	0.5130
I_{15}	0.1525	0.1525	0.1579	0.1636	0.1667	0.1731	0.1731	0.1875	0.1875	0.1875	0.2093	0.2045	0.2045
I_{16}	0.2752	0.2878	0.3399	0.4053	0.4354	0.4798	0.5179	0.5769	0.7143	0.7612	0.8638	0.8673	0.8646
I_{17}	0.4217	0.4384	0.4690	0.4947	0.5382	0.5820	0.5949	0.6321	0.6538	0.6646	0.7206	0.7441	0.7832
I_{18}	0.6031	0.5858	0.6049	0.6235	0.6347	0.6531	0.5803	0.5790	0.6227	0.6337	0.7010	0.6759	0.7266

德国	2004年	2005年	2006年	2007年	2008年	2009年	2010年	2011年	2012年	2013年	2014年	2015年	2016年
I_1	0.2388	0.2639	0.2953	0.3103	0.3371	0.3771	0.4211	0.4830	0.5241	0.5481	0.5577	0.5853	0.6087
I_2	0.2656	0.2499	0.2792	0.2232	0.2663	0.3015	0.3160	0.3009	0.2731	0.2361	0.2230	0.2181	0.2140
I_3	0.0930	0.1084	0.1255	0.1542	0.1510	0.1695	0.1837	0.2055	0.2230	0.2295	0.2786	0.2957	0.2994
I_4	0.0769	0.0891	0.2102	0.2354	0.2548	0.5596	0.7649	0.5412	0.3562	0.1682	0.1864	0.1603	0.2408
I_5	0.1213	0.1236	0.1382	0.1721	0.1762	0.1990	0.2070	0.2473	0.2721	0.2701	0.3136	0.3467	0.3471
I_6	0.1014	0.0853	0.0978	0.1075	0.0858	0.0892	0.0936	0.0984	0.0956	0.0916	0.0967	0.0969	0.0844
I_7	0.3206	0.2963	0.3278	0.3013	0.2935	0.2970	0.3055	0.3693	0.4620	0.4986	0.5351	0.5470	0.5877
I_8	0.7120	0.7125	0.7224	0.7195	0.7639	0.8011	0.7974	0.8215	0.8446	0.8313	0.8450	0.8579	0.8624
I_9	0.5706	0.5750	0.5922	0.6170	0.6437	0.6763	0.6997	0.7221	0.7502	0.7527	0.7452	0.8194	0.8418
I_{10}	0.1248	0.1515	0.1846	0.2272	0.2789	0.3382	0.4008	0.4702	0.5191	0.5513	0.5747	0.5781	0.5755
I_{11}	0.3846	0.4615	0.4615	0.4615	0.4615	0.4615	0.5385	0.5385	0.6923	0.6154	0.6154	0.6923	0.6923
I_{12}	0.6345	0.6165	0.5984	0.5551	0.5477	0.5776	0.5451	0.5556	0.5417	0.5230	0.4981	0.4814	0.4866
I_{13}	0.2147	0.1904	0.1509	0.3440	0.4086	0.4639	0.5404	0.9553	0.9481	0.9418	0.9361	0.8891	0.8278
I_{14}	0.3038	0.2968	0.2981	0.2737	0.2768	0.3901	0.3248	0.3164	0.3252	0.3329	0.3259	0.3160	0.3303
I_{15}	0.0909	0.0928	0.0918	0.0947	0.0938	0.1011	0.0947	0.0989	0.0968	0.0947	0.1011	0.1011	0.1011

续表

德国	2004年	2005年	2006年	2007年	2008年	2009年	2010年	2011年	2012年	2013年	2014年	2015年	2016年
I_{16}	0.3196	0.3335	0.3329	0.3440	0.3465	0.3952	0.3809	0.3942	0.4159	0.4280	0.4544	0.4596	0.4960
I_{17}	0.5009	0.5242	0.5269	0.5500	0.5774	0.6187	0.6068	0.6147	0.6313	0.6320	0.6521	0.6673	0.6847
I_{18}	0.5601	0.5909	0.5676	0.5753	0.5786	0.5984	0.5601	0.5747	0.6252	0.6453	0.6650	0.6639	0.7127
意大利	2004年	2005年	2006年	2007年	2008年	2009年	2010年	2011年	2012年	2013年	2014年	2015年	2016年
I_1	0.2473	0.2471	0.2365	0.2385	0.2450	0.2693	0.2985	0.3808	0.4197	0.4417	0.4624	0.4924	0.5159
I_2	0.1764	0.1981	0.1602	0.2016	0.2232	0.2603	0.2862	0.4843	0.2800	0.2049	0.1760	0.1756	0.1753
I_3	0.1353	0.1280	0.1365	0.1334	0.1561	0.1878	0.2025	0.2261	0.2834	0.3278	0.3410	0.4000	0.3989
I_4	0.0993	0.1032	0.1090	0.0868	0.1333	0.1692	0.4140	0.8402	0.4337	0.1077	0.0593	0.0478	0.0614
I_5	0.2208	0.1989	0.2007	0.1893	0.2249	0.2887	0.3098	0.3325	0.3646	0.4476	0.4957	0.4457	0.4339
I_6	0.1052	0.0750	0.0883	0.0789	0.1035	0.1012	0.0945	0.0919	0.0910	0.1086	0.0908	0.0750	0.0836
I_7	0.4680	0.5315	0.4366	0.4224	0.3193	0.2863	0.2459	0.2309	0.3794	0.4764	0.4579	0.4731	0.3841
I_8	0.3096	0.3078	0.3195	0.3330	0.3421	0.3590	0.3595	0.3555	0.3735	0.3841	0.3950	0.3944	0.4053
I_9	0.2124	0.2421	0.2583	0.2706	0.2777	0.2947	0.2988	0.3065	0.3198	0.3360	0.3423	0.3650	0.3882
I_{10}	0.0058	0.0078	0.0111	0.0168	0.0251	0.0372	0.0490	0.0613	0.0705	0.0762	0.0761	0.0766	0.0769
I_{11}	0.3846	0.4615	0.4615	0.6154	0.6154	0.6154	0.8462	0.8462	0.9231	0.9231	0.8462	0.8462	0.7692
I_{12}	0.3523	0.6874	0.7016	0.6654	0.6566	0.7154	0.8144	0.8742	0.9726	0.9418	0.9861	1.0000	0.9065
I_{13}	0.0021	0.0018	0.0012	0.0030	0.0066	0.0118	0.0161	0.0489	0.0293	0.0098	0.0024	0.0029	0.0045
I_{14}	0.4343	0.4337	0.3941	0.4172	0.4390	0.4773	0.4655	0.4779	0.4891	0.5236	0.5108	0.5036	0.4917
I_{15}	0.1139	0.1154	0.1169	0.1200	0.1250	0.1406	0.1364	0.1406	0.1475	0.1607	0.1698	0.1667	0.1667
I_{16}	0.2291	0.2744	0.2911	0.3280	0.3916	0.4800	0.5236	0.5855	0.6487	0.7915	0.8852	0.9382	1.0000
I_{17}	0.4398	0.4614	0.4900	0.5152	0.5580	0.6073	0.6206	0.6485	0.6955	0.7447	0.7644	0.7920	0.8183
I_{18}	0.4557	0.4436	0.4389	0.4494	0.4591	0.4655	0.4535	0.4341	0.4728	0.4858	0.4896	0.4872	0.5273
日本	2004年	2005年	2006年	2007年	2008年	2009年	2010年	2011年	2012年	2013年	2014年	2015年	2016年
I_1	0.1141	0.1169	0.1203	0.1182	0.1192	0.1209	0.1277	0.1317	0.1369	0.1629	0.2286	0.2672	0.2879
I_2	0.1766	0.1839	0.1860	0.1467	0.1728	0.1775	0.2101	0.1899	0.2069	0.3341	0.3673	0.3233	0.2577
I_3	0.0710	0.0682	0.0721	0.0688	0.0700	0.0723	0.0830	0.0906	0.0898	0.0964	0.1192	0.1340	0.1430
I_4	0.0596	0.0268	0.0169	0.0988	0.1481	0.0097	0.1029	0.0958	0.1644	0.3536	0.4508	0.5258	0.1863
I_5	0.1295	0.1141	0.1247	0.1077	0.1169	0.1210	0.1232	0.1273	0.1413	0.1407	0.1564	0.1806	0.1918
I_6	0.0843	0.0738	0.0944	0.0743	0.0858	0.0846	0.0912	0.0859	0.0876	0.0930	0.0910	0.0977	0.0907
I_7	0.1799	0.2189	0.2504	0.1500	0.1921	0.1861	0.2075	0.2183	0.2871	0.3225	0.3513	0.4784	0.4443
I_8	0.8912	0.9356	0.9641	0.9824	0.9815	0.9503	0.9226	0.9544	0.9438	0.9750	1.0000	0.9641	0.9238
I_9	0.8799	0.9152	0.9202	0.9189	0.8815	0.8799	0.8806	0.8818	0.8685	0.8883	0.9195	0.8928	0.8991
I_{10}	0.2137	0.2552	0.2973	0.3444	0.4054	0.4902	0.5906	0.6984	0.8166	0.9055	0.9683	0.9923	1.0000

续表

日本	2004年	2005年	2006年	2007年	2008年	2009年	2010年	2011年	2012年	2013年	2014年	2015年	2016年
I_{11}	0. 4615	0. 5385	0. 5385	0. 5385	0. 5385	0. 5385	0. 4615	0. 4615	0. 6154	0. 6154	0. 5385	0. 5385	0. 5385
I_{12}	0. 4463	0. 4490	0. 4404	0. 4301	0. 4132	0. 4295	0. 4088	0. 4093	0. 4040	0. 3982	0. 3839	0. 3494	0. 3457
I_{13}	0. 0257	0. 0267	0. 0450	0. 0179	0. 0108	0. 0321	0. 0660	0. 0574	0. 0978	0. 3537	0. 6097	0. 6257	0. 5010
I_{14}	0. 7210	0. 7092	0. 6503	0. 6168	0. 6143	0. 7571	0. 6361	0. 6572	0. 5975	0. 6075	0. 6370	0. 6250	0. 6401
I_{15}	0. 0989	0. 0989	0. 1000	0. 0968	0. 1034	0. 1098	0. 1047	0. 0989	0. 0957	0. 0938	0. 0968	0. 0989	0. 1000
I_{16}	0. 2336	0. 2448	0. 2552	0. 2673	0. 2881	0. 3088	0. 3210	0. 3403	0. 3419	0. 3458	0. 3498	0. 3516	0. 3514
I_{17}	0. 6594	0. 6684	0. 6989	0. 7345	0. 7944	0. 8392	0. 8372	0. 8723	0. 8994	0. 9365	0. 9739	1. 0000	0. 9144
I_{18}	0. 6010	0. 5934	0. 5799	0. 5914	0. 5969	0. 6062	0. 5978	0. 5995	0. 6448	0. 6354	0. 6744	0. 6685	0. 7304

英国	2004年	2005年	2006年	2007年	2008年	2009年	2010年	2011年	2012年	2013年	2014年	2015年	2016年
I_1	0. 0426	0. 0682	0. 0742	0. 0829	0. 0962	0. 1111	0. 1196	0. 1610	0. 1982	0. 2516	0. 3126	0. 3836	0. 4454
I_2	0. 2155	0. 6652	0. 2409	0. 2490	0. 2977	0. 2990	0. 2781	0. 4179	0. 3564	0. 3853	0. 3531	0. 3454	0. 2843
I_3	0. 0286	0. 0346	0. 0385	0. 0444	0. 0481	0. 0556	0. 0559	0. 0709	0. 0794	0. 0954	0. 1100	0. 1606	0. 1901
I_4	0. 0981	0. 1047	0. 1254	0. 1125	0. 1493	0. 2835	0. 1300	0. 3094	0. 2528	0. 2801	0. 2920	0. 4886	0. 5754
I_5	0. 0492	0. 0586	0. 0620	0. 0651	0. 0721	0. 0861	0. 0853	0. 1185	0. 1338	0. 1685	0. 2308	0. 2954	0. 2993
I_6	0. 1034	0. 1021	0. 0888	0. 0885	0. 0919	0. 0983	0. 0847	0. 1151	0. 0942	0. 1196	0. 1075	0. 1102	0. 0853
I_7	0. 3449	0. 4029	0. 4965	0. 4600	0. 4580	0. 5865	0. 3784	0. 3079	0. 4432	0. 4214	0. 4748	0. 5507	0. 5436
I_8	0. 4745	0. 4793	0. 4852	0. 4953	0. 4963	0. 5120	0. 4984	0. 4972	0. 4715	0. 4847	0. 4900	0. 4924	0. 4962
I_9	0. 6598	0. 7116	0. 7209	0. 7099	0. 7003	0. 7047	0. 6994	0. 6797	0. 6880	0. 7146	0. 7341	0. 7507	0. 7578
I_{10}	0. 0192	0. 0270	0. 0362	0. 0508	0. 0686	0. 0858	0. 1076	0. 1253	0. 1408	0. 1530	0. 1625	0. 1668	0. 1661
I_{11}	0. 3077	0. 3846	0. 3846	0. 3846	0. 3846	0. 4615	0. 5385	0. 6923	0. 7692	0. 7692	0. 6923	0. 6923	0. 6154
I_{12}	0. 6399	0. 6021	0. 5780	0. 5920	0. 5874	0. 6203	0. 6303	0. 6176	0. 6081	0. 6034	0. 5921	0. 6168	0. 6223
I_{13}	0. 0348	0. 0701	0. 0131	0. 0280	0. 0386	0. 0546	0. 1119	0. 2756	0. 1173	0. 2501	0. 2919	0. 3523	0. 3753
I_{14}	0. 3773	0. 7370	0. 4024	0. 4922	0. 4645	0. 5325	0. 5247	0. 4787	0. 4473	0. 4195	0. 4345	0. 4194	0. 3949
I_{15}	0. 1011	0. 1023	0. 1023	0. 1059	0. 1098	0. 1216	0. 1184	0. 1304	0. 1250	0. 1286	0. 1429	0. 1500	0. 1579
I_{16}	0. 1291	0. 1505	0. 1612	0. 1875	0. 2265	0. 2803	0. 2722	0. 2976	0. 2709	0. 3161	0. 3921	0. 5090	0. 7303
I_{17}	0. 3408	0. 3457	0. 3636	0. 3827	0. 4322	0. 5032	0. 5178	0. 5630	0. 5556	0. 5894	0. 6338	0. 6612	0. 7309
I_{18}	0. 6584	0. 6796	0. 6891	0. 7093	0. 7284	0. 7492	0. 7562	0. 7716	0. 7771	0. 7972	0. 7976	0. 8010	0. 8201

美国	2004年	2005年	2006年	2007年	2008年	2009年	2010年	2011年	2012年	2013年	2014年	2015年	2016年
I_1	0. 1210	0. 1223	0. 1251	0. 1312	0. 1394	0. 1498	0. 1542	0. 1613	0. 1780	0. 1848	0. 2008	0. 2168	0. 2363
I_2	0. 1557	0. 1793	0. 1839	0. 2038	0. 2204	0. 2293	0. 1928	0. 2043	0. 2488	0. 1905	0. 2348	0. 2195	0. 2391
I_3	0. 0950	0. 0981	0. 1024	0. 1009	0. 1104	0. 1184	0. 1225	0. 1344	0. 1310	0. 1398	0. 1546	0. 1542	0. 1613
I_4	0. 0282	0. 0567	0. 1343	0. 1729	0. 1504	0. 1015	0. 1471	0. 2055	0. 1555	0. 1360	0. 1383	0. 1662	0. 1551

续表

美国	2004年	2005年	2006年	2007年	2008年	2009年	2010年	2011年	2012年	2013年	2014年	2015年	2016年
I_5	0. 1028	0. 1020	0. 1095	0. 0980	0. 1064	0. 1214	0. 1191	0. 1436	0. 1402	0. 1432	0. 1523	0. 1551	0. 1732
I_6	0. 0831	0. 0852	0. 0910	0. 0761	0. 0910	0. 0927	0. 0862	0. 1023	0. 0806	0. 0920	0. 0905	0. 0851	0. 0949
I_7	0. 4775	0. 5755	0. 5861	0. 4943	0. 4609	0. 4443	0. 4310	0. 4074	0. 4297	0. 3198	0. 4059	0. 5048	0. 5160
I_8	0. 7323	0. 7371	0. 7500	0. 7726	0. 8138	0. 8282	0. 8050	0. 8134	0. 7959	0. 8015	0. 8041	0. 8035	0. 8153
I_9	0. 6534	0. 6455	0. 6567	0. 6525	0. 6794	0. 7064	0. 6712	0. 6961	0. 6902	0. 7079	0. 7278	0. 7386	0. 7345
I_{10}	0. 0455	0. 0613	0. 0810	0. 1082	0. 1465	0. 1975	0. 2581	0. 3185	0. 3737	0. 4217	0. 4612	0. 4812	0. 4864
I_{11}	0. 7692	0. 7692	0. 7692	0. 7692	0. 7692	0. 7692	0. 9231	0. 9231	0. 9231	0. 9231	0. 8462	0. 8462	0. 7692
I_{12}	0. 3050	0. 3039	0. 2919	0. 2864	0. 2758	0. 2732	0. 2690	0. 2666	0. 2623	0. 2544	0. 2498	0. 2457	0. 1827
I_{13}	0. 0150	0. 0193	0. 0356	0. 0425	0. 0500	0. 0275	0. 0453	0. 1542	0. 2087	0. 2116	0. 2434	0. 2566	0. 2574
I_{14}	0. 2355	0. 2328	0. 2274	0. 2220	0. 2139	0. 2139	0. 2139	0. 2139	0. 2111	0. 2057	0. 2057	0. 2057	0. 2057
I_{15}	0. 0464	0. 0466	0. 0481	0. 0479	0. 0497	0. 0539	0. 0520	0. 0549	0. 0577	0. 0566	0. 0570	0. 0588	0. 0604
I_{16}	0. 0433	0. 0437	0. 0489	0. 0554	0. 0635	0. 0728	0. 0864	0. 1046	0. 1349	0. 1417	0. 1481	0. 1900	0. 2391
I_{17}	0. 1559	0. 1648	0. 1762	0. 1890	0. 2043	0. 2211	0. 2369	0. 2457	0. 2591	0. 2737	0. 2885	0. 3089	0. 3258
I_{18}	0. 6253	0. 6302	0. 6493	0. 6744	0. 6881	0. 7094	0. 7304	0. 7550	0. 7812	0. 8017	0. 8304	0. 8728	0. 8864

5. 2. 2　指标权重的计算

指标权重的计算分三步进行：AGA-EAHP 计算主观权重；EM 获取客观权重；计算组合权重。

5. 2. 2. 1　计算主观权重

（1）建立层次结构模型。通过对影响可再生能源开发利用绩效的内涵与要素进行分析，本书建立了可再生能源的开发利用绩效的层次结构模型，如图 5 - 1 所示。在该层次结构模型中，决策总目标为可再生能源开发利用绩效；准则层中共包含两个层次，第一个层次包含有五个维度，第二个层次包含有 15 个要素；第三个层次称为指标层，由 18 个指标构成。

（2）构造判断矩阵群。按照表 4 - 4 的扩展标度，本书邀请了五位可再生能源安全与政策领域的专家，对图 5 - 1 中各层次中的各个要素进行相对重要性的判断，然后建立判断矩阵如下：

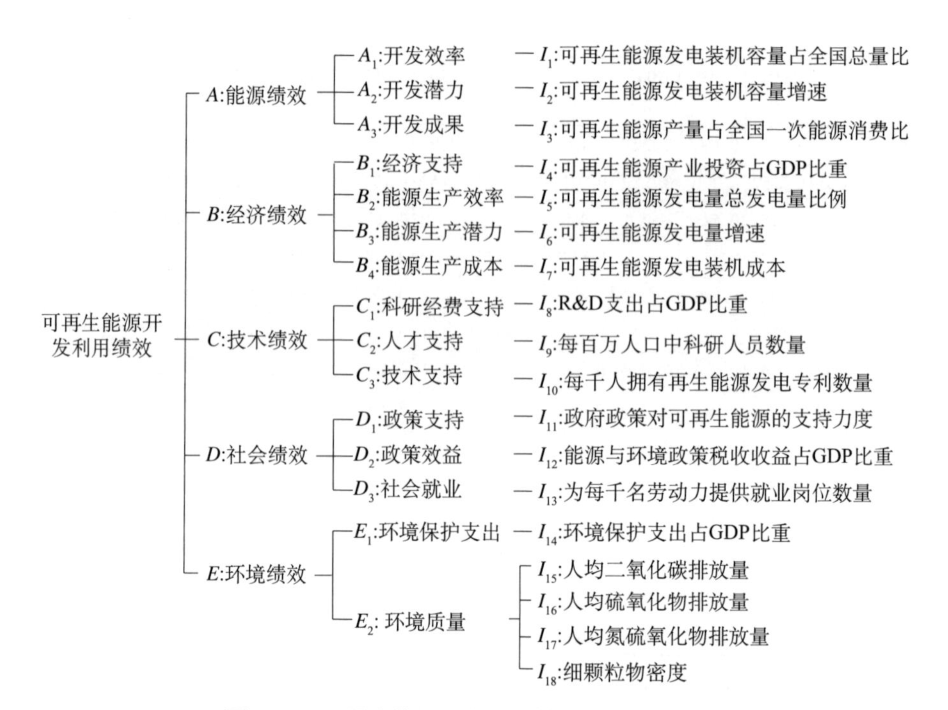

图 5-1　可再生能源开发利用绩效层次结构模型

$$O=\begin{bmatrix}1 & 2 & 4 & 5 & 3\\ 1/2 & 1 & 3 & 3 & 2\\ 1/4 & 1/3 & 1 & 2 & 1/2\\ 1/5 & 1/3 & 1/2 & 1 & 1/3\\ 1/3 & 1/2 & 2 & 3 & 1\end{bmatrix}\quad A=\begin{bmatrix}1 & 5 & 2\\ 1/5 & 1 & 1/3\\ 1/2 & 3 & 1\end{bmatrix}\quad B=\begin{bmatrix}1 & 2 & 4 & 1/3\\ 1/2 & 1 & 3 & 1/4\\ 1/4 & 1/3 & 1 & 1/6\\ 3 & 4 & 6 & 1\end{bmatrix}$$

$$C=\begin{bmatrix}1 & 1/2 & 1/5\\ 2 & 1 & 1/4\\ 5 & 4 & 1\end{bmatrix}\quad D=\begin{bmatrix}1 & 4 & 2\\ 1/4 & 1 & 1/3\\ 1/2 & 3 & 1\end{bmatrix}\quad E=\begin{bmatrix}1 & 1/6\\ 6 & 1\end{bmatrix}\quad E_3=\begin{bmatrix}1 & 3 & 3 & 5\\ 1/3 & 1 & 1 & 2\\ 1/3 & 1 & 1 & 2\\ 1/5 & 1/2 & 1/2 & 1\end{bmatrix}$$

其中，O 表示可再生能源开发利用绩效下各个维度的两两比较判断矩阵，A、B、C、D 和 E 分别表示能源绩效、经济绩效、技术绩效、社会绩效和环境绩效各个维度下的要素两两比较判断矩阵，E_3 表示环境质量要素下各个元素的两两比较判断矩阵。

将判断矩阵中各个非 1 的判断标度向前后各扩展 0.5，形成标度区间，得到判断矩阵群如下：

$$O'=\begin{bmatrix} 1 & [1.5,\ 2.5] & [3.5,\ 4.5] & [4.5,\ 5.5] & [2.5,\ 3.5] \\ [\frac{1}{2.5},\ \frac{1}{1.5}] & 1 & [3.5,\ 4.5] & [3.5,\ 4.5] & [1.5,\ 2.5] \\ [\frac{1}{4.5},\ \frac{1}{3.5}] & [\frac{1}{3.5},\ \frac{1}{2.5}] & 1 & [1.5,\ 2.5] & [\frac{1}{2.5},\ \frac{1}{1.5}] \\ [\frac{1}{5.5},\ \frac{1}{4.5}] & [\frac{1}{3.5},\ \frac{1}{2.5}] & [\frac{1}{2.5},\ \frac{1}{1.5}] & 1 & [\frac{1}{3.5},\ \frac{1}{2.5}] \\ [\frac{1}{3.5},\ \frac{1}{2.5}] & [\frac{1}{2.5},\ \frac{1}{1.5}] & [1.5,\ 2.5] & [3.5,\ 4.5] & 1 \end{bmatrix}$$

$$A'=\begin{bmatrix} 1 & [4.5,\ 5.5] & [1.5,\ 2.5] \\ [\frac{1}{5.5},\ \frac{1}{4.5}] & 1 & [\frac{1}{3.5},\ \frac{1}{2.5}] \\ [\frac{1}{2.5},\ \frac{1}{1.5}] & [2.5,\ 3.5] & 1 \end{bmatrix}$$

$$B'=\begin{bmatrix} 1 & [1.5,\ 2.5] & [3.5,\ 4.5] & [\frac{1}{3.5},\ \frac{1}{2.5}] \\ [\frac{1}{2.5},\ \frac{1}{1.5}] & 1 & [2.5,\ 3.5] & [\frac{1}{4.5},\ \frac{1}{3.5}] \\ [\frac{1}{4.5},\ \frac{1}{3.5}] & [\frac{1}{3.5},\ \frac{1}{2.5}] & 1 & [\frac{1}{6.5},\ \frac{1}{5.5}] \\ [2.5,\ 3.5] & [3.5,\ 4.5] & [5.5,\ 6.6] & 1 \end{bmatrix}$$

$$C'=\begin{bmatrix} 1 & [\frac{1}{2.5},\ \frac{1}{1.5}] & [\frac{1}{5.5},\ \frac{1}{4.5}] \\ [1.5,\ 2.5] & 1 & [\frac{1}{4.5},\ \frac{1}{3.5}] \\ [4.5,\ 5.5] & [3.5,\ 4.5] & 1 \end{bmatrix}$$

$$D'=\begin{bmatrix} 1 & [3.5,\ 4.5] & [1.5,\ 2.5] \\ [\frac{1}{4.5},\ \frac{1}{3.5}] & 1 & [\frac{1}{3.5},\ \frac{1}{2.5}] \\ \frac{1}{2.5},\ \frac{1}{1.5} & [2.5,\ 3.5] & 1 \end{bmatrix}$$

$$E' = \begin{bmatrix} 1 & [\frac{1}{6.5}, \frac{1}{5.5}] \\ [5.5, 6.5] & 1 \end{bmatrix}$$

$$E_3' = \begin{bmatrix} 1 & [2.5, 3.5] & [2.5, 3.5] & [4.5, 5.5] \\ [\frac{1}{3.5}, \frac{1}{2.5}] & 1 & 1 & [1.5, 2.5] \\ [\frac{1}{3.5}, \frac{1}{2.5}] & 1 & 1 & [1.5, 2.5] \\ [\frac{1}{5.5}, \frac{1}{4.5}] & [\frac{1}{2.5}, \frac{1}{1.5}] & [\frac{1}{2.5}, \frac{1}{1.5}] & 1 \end{bmatrix}$$

（3）运用 AGA-EAHP 从判断矩阵群中寻找出最优一致性判断矩阵，然后计算各层次中元素的权重：

$$U_o = [0.4090 \quad 0.2533 \quad 0.1016 \quad 0.0700 \quad 0.1661]$$

$$U_A = [0.5650 \quad 0.1121 \quad 0.3229]$$

$$U_B = [0.2355 \quad 0.1578 \quad 0.0699 \quad 0.5368]$$

$$U_C = [0.1264 \quad 0.1918 \quad 0.6818]$$

$$U_D = [0.5368 \quad 0.1257 \quad 0.3375]$$

$$U_E = [0.1429 \quad 0.8571]$$

$$U_{E_3} = [0.5285 \quad 0.1855 \quad 0.1821 \quad 0.1039]$$

得到各层次维度、要素、指标的权重后，计算出所有指标相对于总目标的权重，得到主观权重表，见表 5 -4。

5.2.2.2　计算客观权重

根据熵值法的相关步骤和式（4 -4）至式（4 -8），计算得到熵值法中的熵值、差异性系数及客观权重，见表 5 -5。

5.2.2.3　计算组合权重

按照式（4 -9），取 $\alpha = 0.5$，即计算主观权重与客观权重的均值作为最终的组合权重，见表 5 -6。

表5-4　　　　主观权重表

维度	层次权重	要素	层次权重	指标	整体权重
能源绩效	0.4090	开发效率	0.5650	可再生能源发电装机容量占全国总量比	0.2311
		开发潜力	0.1121	可再生能源发电装机容量增速	0.0458
		开发成果	0.3229	可再生能源产量占一次能源消费量比	0.1321
经济绩效	0.2533	经济支持	0.2355	可再生能源产业投资占GDP比重	0.0597
		能源生产效率	0.1578	可再生能源发电量占总发电量比	0.0400
		能源生产潜力	0.0699	可再生能源发电量增速	0.0177
		能源产品成本	0.5368	可再生能源发电装机成本	0.1360
技术绩效	0.1016	科研经费支持	0.1264	研究与开发支出占GDP比重	0.0128
		人才支持	0.1918	每百万人口中科研人员数量	0.0195
		技术支持	0.6818	每百万人口拥有可再生能源专利数量	0.0693
社会绩效	0.0700	政策支持	0.5368	政策对发展可再生能源的支持力度	0.0376
		政策效益	0.1257	能源与环境政策税收占GDP比重	0.0088
		社会就业	0.6818	为每千名劳动力提供就业岗位数量	0.0236
环境绩效	0.1661	环境保护支出	0.1429	环境保护支出占GDP比重	0.0237
		环境质量	0.8571	人均二氧化碳排放量	0.0752
				人均硫氧化物排放量	0.0264
				人均氮氧化物排放量	0.0259
				细颗粒物密度	0.0148

表5-5　　　　熵值、差异性系数及客观权重系数表

指标	I_1	I_2	I_3	I_4	I_5	I_6	I_7	I_8	I_9
熵值	0.9529	0.9874	0.9497	0.9333	0.9308	0.9795	0.9858	0.9827	0.9539
差异性系数	0.0471	0.0126	0.0503	0.0667	0.0692	0.0205	0.0142	0.0173	0.0461
客观权重	0.0516	0.0138	0.0551	0.0731	0.0759	0.0225	0.0156	0.0190	0.0505
指标	I_{10}	I_{11}	I_{12}	I_{13}	I_{14}	I_{15}	I_{16}	I_{17}	I_{18}
熵值	0.8851	0.9885	0.9841	0.8822	0.9350	0.9283	0.9326	0.9172	0.9788
差异性系数	0.1149	0.0115	0.0159	0.1178	0.0650	0.0717	0.0674	0.0828	0.0212
客观权重	0.1260	0.0126	0.0174	0.1291	0.0712	0.0786	0.0738	0.0908	0.0233

表5-6　　　　组合权重表

指标	I_1	I_2	I_3	I_4	I_5	I_6	I_7	I_8	I_9
组合权重	0.1414	0.0298	0.0936	0.0664	0.0579	0.0201	0.0758	0.0159	0.0350
指标	I_{10}	I_{11}	I_{12}	I_{13}	I_{14}	I_{15}	I_{16}	I_{17}	I_{18}
组合权重	0.0976	0.0251	0.0131	0.0764	0.0475	0.0769	0.0501	0.0584	0.0190

5.2.3 集成评价

本书将逼近理想解的排序方法（TOPSIS）与偏好顺序结构评估法（PROMETHEE）相结合，构建了 TOPSIS-PROMETHEE 模型，来对各个国家的可再生能源开发利用绩效进行综合评价。

（1）首先需要计算加权规范化决策矩阵，然后从中寻找出正理想方案和负理想方案。按照式（4－11）在表5－3的基础上计算得到加权规范化决策矩阵，并根据式（4－12）和式（4－13），从加权规范化决策矩阵中确定正理想方案和负理想方案，见表5－7。

表5－7　　正理想方案和负理想方案

指标	I_1	I_2	I_3	I_4	I_5	I_6	I_7	I_8	I_9
正理想方案	0.1414	0.0298	0.0936	0.0664	0.0579	0.0201	0.0758	0.0159	0.0350
负理想方案	0.0027	0.0000	0.0027	0.0001	0.0003	0.0000	0.0105	0.0029	0.0008
指标	I_{10}	I_{11}	I_{12}	I_{13}	I_{14}	I_{15}	I_{16}	I_{17}	I_{18}
正理想方案	0.0976	0.0251	0.0131	0.0764	0.0475	0.0769	0.0501	0.0584	0.0190
负理想方案	0.0000	0.0019	0.0020	0.0000	0.0001	0.0036	0.0008	0.0005	0.0017

（2）根据式（4－13）和式（4－14），计算各个评价方案与正理想方案和负理想方案之间的欧氏距离，并将其进行标准化处理，见表5－8和表5－9。

（3）按照 PROMETHEE 的计算步骤，计算各个评价方案的正流量与负流量。为了解决 PROMETHEE 模型中优先函数的选择及参数确定问题，本书使用了基于计算机操作的 Visual PROMETHEE 软件，可以根据各个指标数据的特点，辅助选择最优的优先函数及参数值，从而计算得到各个评价方案的正、负流量值。之后，将其进行标准化，见表5－10和表5－11。

（4）根据式（4－26）至式（4－28），将评价对象与正、负理想解的正、负欧氏距离和正、负流量值进行组合，可以计算各个评价对象的优势值和劣势值。在此基础上，计算二者的差值作为每个评价对象的整体优先度，即为各个国家在各个年份的可再生能源开发利用绩效评价结果，见表5－12。

表 5 - 8　　各个评价方案与正理想方案之间的欧氏距离

巴西	2004 年	2005 年	2006 年	2007 年	2008 年	2009 年	2010 年	2011 年	2012 年	2013 年	2014 年	2015 年	2016 年
d_i^+	0. 1745	0. 1706	0. 1680	0. 1651	0. 1663	0. 1684	0. 1661	0. 1531	0. 1551	0. 1572	0. 1550	0. 1527	0. 1524
D_i^+	0. 6756	0. 6604	0. 6504	0. 6393	0. 6439	0. 6521	0. 6430	0. 5928	0. 6005	0. 6087	0. 6002	0. 5913	0. 5899
中国	2004 年	2005 年	2006 年	2007 年	2008 年	2009 年	2010 年	2011 年	2012 年	2013 年	2014 年	2015 年	2016 年
d_i^+	0. 2159	0. 2146	0. 2165	0. 2154	0. 2108	0. 2092	0. 2075	0. 2053	0. 2012	0. 1960	0. 1902	0. 1863	0. 1842
D_i^+	0. 8358	0. 8310	0. 8384	0. 8339	0. 8160	0. 8101	0. 8033	0. 7949	0. 7790	0. 7588	0. 7364	0. 7213	0. 7133
印度	2004 年	2005 年	2006 年	2007 年	2008 年	2009 年	2010 年	2011 年	2012 年	2013 年	2014 年	2015 年	2016 年
d_i^+	0. 2087	0. 2079	0. 2062	0. 2068	0. 2076	0. 2102	0. 2093	0. 2073	0. 2117	0. 2149	0. 2164	0. 2148	0. 2124
D_i^+	0. 8081	0. 8051	0. 7983	0. 8005	0. 8037	0. 8139	0. 8104	0. 8025	0. 8196	0. 8319	0. 8377	0. 8315	0. 8223
南非	2004 年	2005 年	2006 年	2007 年	2008 年	2009 年	2010 年	2011 年	2012 年	2013 年	2014 年	2015 年	2016 年
d_i^+	0. 2583	0. 2566	0. 2560	0. 2512	0. 2535	0. 2558	0. 2514	0. 2524	0. 2396	0. 2396	0. 2285	0. 2256	0. 2314
D_i^+	1. 0000	0. 9936	0. 9912	0. 9726	0. 9813	0. 9906	0. 9734	0. 9774	0. 9278	0. 9278	0. 8848	0. 8733	0. 8960
澳大利亚	2004 年	2005 年	2006 年	2007 年	2008 年	2009 年	2010 年	2011 年	2012 年	2013 年	2014 年	2015 年	2016 年
d_i^+	0. 2271	0. 2239	0. 2236	0. 2210	0. 2210	0. 2166	0. 2097	0. 2051	0. 2010	0. 1984	0. 1953	0. 1991	0. 1936
D_i^+	0. 8792	0. 8670	0. 8658	0. 8555	0. 8556	0. 8385	0. 8119	0. 7941	0. 7782	0. 7683	0. 7561	0. 7709	0. 7494
西班牙	2004 年	2005 年	2006 年	2007 年	2008 年	2009 年	2010 年	2011 年	2012 年	2013 年	2014 年	2015 年	2016 年
d_i^+	0. 2111	0. 2106	0. 2058	0. 1961	0. 1847	0. 1815	0. 1821	0. 1730	0. 1698	0. 1640	0. 1659	0. 1682	0. 1678
D_i^+	0. 8174	0. 8154	0. 7967	0. 7592	0. 7152	0. 7028	0. 7051	0. 6699	0. 6575	0. 6351	0. 6424	0. 6514	0. 6496
加拿大	2004 年	2005 年	2006 年	2007 年	2008 年	2009 年	2010 年	2011 年	2012 年	2013 年	2014 年	2015 年	2016 年
d_i^+	0. 1916	0. 1863	0. 1865	0. 1852	0. 1795	0. 1773	0. 1747	0. 1696	0. 1728	0. 1679	0. 1597	0. 1568	0. 1684
D_i^+	0. 7420	0. 7214	0. 7219	0. 7169	0. 6951	0. 6865	0. 6766	0. 6565	0. 6690	0. 6502	0. 6184	0. 6069	0. 6520

续表

法国	2004年	2005年	2006年	2007年	2008年	2009年	2010年	2011年	2012年	2013年	2014年	2015年	2016年
d_i^+	0.2264	0.2223	0.2206	0.2164	0.2145	0.2085	0.2076	0.2000	0.1955	0.1927	0.1866	0.1840	0.1846
D_i^+	0.8765	0.8606	0.8540	0.8378	0.8304	0.8074	0.8037	0.7742	0.7571	0.7463	0.7227	0.7124	0.7146
德国	2004年	2005年	2006年	2007年	2008年	2009年	2010年	2011年	2012年	2013年	2014年	2015年	2016年
d_i^+	0.2192	0.2163	0.2102	0.2020	0.1967	0.1836	0.1755	0.1645	0.1597	0.1605	0.1551	0.1526	0.1484
D_i^+	0.8488	0.8374	0.8137	0.7821	0.7614	0.7108	0.6794	0.6369	0.6184	0.6213	0.6005	0.5908	0.5746
意大利	2004年	2005年	2006年	2007年	2008年	2009年	2010年	2011年	2012年	2013年	2014年	2015年	2016年
d_i^+	0.2247	0.2233	0.2246	0.2240	0.2216	0.2158	0.2093	0.1970	0.1924	0.1918	0.1910	0.1879	0.1879
D_i^+	0.8700	0.8645	0.8696	0.8671	0.8579	0.8356	0.8102	0.7629	0.7449	0.7425	0.7394	0.7276	0.7274
日本	2004年	2005年	2006年	2007年	2008年	2009年	2010年	2011年	2012年	2013年	2014年	2015年	2016年
d_i^+	0.2304	0.2287	0.2259	0.2264	0.2224	0.2213	0.2156	0.2133	0.2077	0.1946	0.1812	0.1735	0.1793
D_i^+	0.8920	0.8856	0.8747	0.8766	0.8610	0.8567	0.8348	0.8258	0.8040	0.7535	0.7017	0.6718	0.6942
英国	2004年	2005年	2006年	2007年	2008年	2009年	2010年	2011年	2012年	2013年	2014年	2015年	2016年
d_i^+	0.2465	0.2392	0.2396	0.2378	0.2342	0.2263	0.2286	0.2176	0.2164	0.2071	0.1979	0.1838	0.1759
D_i^+	0.9544	0.9262	0.9278	0.9207	0.9069	0.8760	0.8849	0.8423	0.8377	0.8019	0.7663	0.7116	0.6811
美国	2004年	2005年	2006年	2007年	2008年	2009年	2010年	2011年	2012年	2013年	2014年	2015年	2016年
d_i^+	0.2411	0.2384	0.2352	0.2340	0.2318	0.2300	0.2264	0.2196	0.2156	0.2156	0.2101	0.2055	0.2027
D_i^+	0.9334	0.9231	0.9106	0.9059	0.8975	0.8903	0.8765	0.8504	0.8349	0.8346	0.8136	0.7955	0.7847

表5-9　各个评价方案与负理想方案之间的欧氏距离

巴西	2004年	2005年	2006年	2007年	2008年	2009年	2010年	2011年	2012年	2013年	2014年	2015年	2016年
d_i^-	0.1777	0.1792	0.1806	0.1840	0.1812	0.1804	0.1752	0.1901	0.1849	0.1864	0.1859	0.1889	0.1892
D_i^-	0.9350	0.9429	0.9502	0.9680	0.9532	0.9490	0.9217	1.0000	0.9730	0.9805	0.9779	0.9941	0.9952
中国	2004年	2005年	2006年	2007年	2008年	2009年	2010年	2011年	2012年	2013年	2014年	2015年	2016年
d_i^-	0.0888	0.0841	0.0824	0.0833	0.0890	0.0877	0.0915	0.0844	0.0916	0.0943	0.1016	0.1062	0.1074
D_i^-	0.4675	0.4427	0.4333	0.4385	0.4684	0.4613	0.4814	0.4443	0.4822	0.4961	0.5344	0.5589	0.5651
印度	2004年	2005年	2006年	2007年	2008年	2009年	2010年	2011年	2012年	2013年	2014年	2015年	2016年
d_i^-	0.1004	0.1009	0.0966	0.0930	0.0939	0.0911	0.0871	0.0888	0.0823	0.0782	0.0758	0.0838	0.0879
D_i^-	0.5281	0.5311	0.5083	0.4891	0.4940	0.4792	0.4584	0.4672	0.4332	0.4113	0.3989	0.4409	0.4624
南非	2004年	2005年	2006年	2007年	2008年	2009年	2010年	2011年	2012年	2013年	2014年	2015年	2016年
d_i^-	0.0214	0.0244	0.0235	0.0359	0.0275	0.0228	0.0335	0.0277	0.0718	0.0664	0.0883	0.0840	0.0640
D_i^-	0.1126	0.1282	0.1236	0.1890	0.1446	0.1200	0.1762	0.1459	0.3777	0.3496	0.4645	0.4420	0.3368
澳大利亚	2004年	2005年	2006年	2007年	2008年	2009年	2010年	2011年	2012年	2013年	2014年	2015年	2016年
d_i^-	0.0549	0.0586	0.0607	0.0654	0.0691	0.0781	0.0891	0.0986	0.1071	0.1146	0.1210	0.1187	0.1250
D_i^-	0.2889	0.3081	0.3196	0.3440	0.3636	0.4109	0.4689	0.5189	0.5634	0.6028	0.6367	0.6247	0.6575
西班牙	2004年	2005年	2006年	2007年	2008年	2009年	2010年	2011年	2012年	2013年	2014年	2015年	2016年
d_i^-	0.0721	0.0719	0.0745	0.0833	0.1054	0.0996	0.0978	0.1067	0.1066	0.1125	0.1098	0.1078	0.1160
D_i^-	0.3796	0.3784	0.3922	0.4385	0.5544	0.5240	0.5145	0.5615	0.5610	0.5920	0.5779	0.5671	0.6106
加拿大	2004年	2005年	2006年	2007年	2008年	2009年	2010年	2011年	2012年	2013年	2014年	2015年	2016年
d_i^-	0.1287	0.1317	0.1251	0.1270	0.1296	0.1288	0.1317	0.1371	0.1381	0.1393	0.1463	0.1539	0.1467
D_i^-	0.6772	0.6931	0.6584	0.6684	0.6819	0.6779	0.6928	0.7212	0.7268	0.7331	0.7699	0.8097	0.7716

续表

法国	2004年	2005年	2006年	2007年	2008年	2009年	2010年	2011年	2012年	2013年	2014年	2015年	2016年
d_i^-	0.0565	0.0623	0.0644	0.0687	0.0680	0.0754	0.0753	0.0895	0.0961	0.0986	0.1055	0.1089	0.1073
D_i^-	0.2971	0.3280	0.3388	0.3614	0.3580	0.3966	0.3964	0.4708	0.5057	0.5185	0.5550	0.5728	0.5643
德国	2004年	2005年	2006年	2007年	2008年	2009年	2010年	2011年	2012年	2013年	2014年	2015年	2016年
d_i^-	0.0603	0.0633	0.0682	0.0756	0.0823	0.0981	0.1110	0.1291	0.1334	0.1351	0.1387	0.1408	0.1426
D_i^-	0.3174	0.3328	0.3589	0.3976	0.4331	0.5163	0.5842	0.6793	0.7020	0.7109	0.7298	0.7406	0.7500
意大利	2004年	2005年	2006年	2007年	2008年	2009年	2010年	2011年	2012年	2013年	2014年	2015年	2016年
d_i^-	0.0579	0.0615	0.0581	0.0600	0.0621	0.0692	0.0781	0.1005	0.0971	0.1030	0.1072	0.1125	0.1146
D_i^-	0.3047	0.3238	0.3059	0.3159	0.3267	0.3638	0.4111	0.5290	0.5111	0.5419	0.5638	0.5921	0.6031
日本	2004年	2005年	2006年	2007年	2008年	2009年	2010年	2011年	2012年	2013年	2014年	2015年	2016年
d_i^-	0.0687	0.0712	0.0731	0.0752	0.0802	0.0882	0.0923	0.1008	0.1104	0.1238	0.1386	0.1447	0.1371
D_i^-	0.3615	0.3744	0.3846	0.3955	0.4218	0.4641	0.4855	0.5304	0.5808	0.6514	0.7291	0.7613	0.7215
英国	2004年	2005年	2006年	2007年	2008年	2009年	2010年	2011年	2012年	2013年	2014年	2015年	2016年
d_i^-	0.0426	0.0586	0.0526	0.0527	0.0549	0.0666	0.0592	0.0678	0.0682	0.0753	0.0842	0.0993	0.1108
D_i^-	0.2241	0.3084	0.2767	0.2774	0.2888	0.3504	0.3115	0.3567	0.3590	0.3963	0.4432	0.5224	0.5831
美国	2004年	2005年	2006年	2007年	2008年	2009年	2010年	2011年	2012年	2013年	2014年	2015年	2016年
d_i^-	0.0465	0.0513	0.0533	0.0507	0.0514	0.0534	0.0571	0.0624	0.0671	0.0683	0.0740	0.0795	0.0814
D_i^-	0.2444	0.2700	0.2806	0.2666	0.2704	0.2808	0.3003	0.3283	0.3532	0.3592	0.3892	0.4183	0.4282

表 5-10　各个评价方案的正流量值及其标准化

巴西	2004 年	2005 年	2006 年	2007 年	2008 年	2009 年	2010 年	2011 年	2012 年	2013 年	2014 年	2015 年	2016 年
ϕ_i^+	0. 3267	0. 3266	0. 3314	0. 3519	0. 3422	0. 3305	0. 3111	0. 3723	0. 3589	0. 3602	0. 3558	0. 3676	0. 3782
Φ_i^+	0. 8638	0. 8636	0. 8763	0. 9305	0. 9048	0. 8739	0. 8226	0. 9844	0. 9490	0. 9524	0. 9408	0. 9720	1. 0000
中国	2004 年	2005 年	2006 年	2007 年	2008 年	2009 年	2010 年	2011 年	2012 年	2013 年	2014 年	2015 年	2016 年
ϕ_i^+	0. 0891	0. 0868	0. 0868	0. 0921	0. 1168	0. 1206	0. 1293	0. 0938	0. 1213	0. 1261	0. 1645	0. 1763	0. 1800
Φ_i^+	0. 2356	0. 2295	0. 2295	0. 2435	0. 3088	0. 3189	0. 3419	0. 2480	0. 3207	0. 3334	0. 4350	0. 4662	0. 4759
印度	2004 年	2005 年	2006 年	2007 年	2008 年	2009 年	2010 年	2011 年	2012 年	2013 年	2014 年	2015 年	2016 年
ϕ_i^+	0. 1145	0. 1137	0. 1158	0. 1188	0. 1198	0. 1249	0. 1227	0. 1417	0. 1165	0. 1061	0. 1164	0. 1415	0. 1673
Φ_i^+	0. 3027	0. 3006	0. 3062	0. 3141	0. 3168	0. 3302	0. 3244	0. 3747	0. 3080	0. 2805	0. 3078	0. 3741	0. 4424
南非	2004 年	2005 年	2006 年	2007 年	2008 年	2009 年	2010 年	2011 年	2012 年	2013 年	2014 年	2015 年	2016 年
ϕ_i^+	0. 0007	0. 0207	0. 0011	0. 0090	0. 0015	0. 0021	0. 0084	0. 0051	0. 0815	0. 0728	0. 1207	0. 1272	0. 0836
Φ_i^+	0. 0019	0. 0547	0. 0029	0. 0238	0. 0040	0. 0056	0. 0222	0. 0135	0. 2155	0. 1925	0. 3191	0. 3363	0. 2210
澳大利亚	2004 年	2005 年	2006 年	2007 年	2008 年	2009 年	2010 年	2011 年	2012 年	2013 年	2014 年	2015 年	2016 年
ϕ_i^+	0. 0286	0. 0324	0. 0402	0. 0547	0. 0696	0. 0967	0. 1148	0. 1193	0. 1310	0. 1384	0. 1702	0. 1384	0. 1723
Φ_i^+	0. 0756	0. 0857	0. 1063	0. 1446	0. 1840	0. 2557	0. 3035	0. 3154	0. 3464	0. 3659	0. 4500	0. 3659	0. 4556
西班牙	2004 年	2005 年	2006 年	2007 年	2008 年	2009 年	2010 年	2011 年	2012 年	2013 年	2014 年	2015 年	2016 年
ϕ_i^+	0. 0397	0. 0408	0. 0396	0. 0716	0. 1602	0. 1119	0. 1165	0. 1652	0. 1137	0. 1520	0. 1323	0. 1164	0. 1603
Φ_i^+	0. 1050	0. 1079	0. 1047	0. 1893	0. 4236	0. 2959	0. 3080	0. 4368	0. 3006	0. 4019	0. 3498	0. 3078	0. 4238
加拿大	2004 年	2005 年	2006 年	2007 年	2008 年	2009 年	2010 年	2011 年	2012 年	2013 年	2014 年	2015 年	2016 年
ϕ_i^+	0. 2062	0. 2137	0. 1742	0. 1762	0. 1783	0. 1793	0. 1953	0. 2194	0. 2323	0. 2372	0. 2546	0. 3011	0. 2494
Φ_i^+	0. 5452	0. 5650	0. 4606	0. 4659	0. 4714	0. 4741	0. 5164	0. 5801	0. 6142	0. 6272	0. 6732	0. 7961	0. 6594

续表

法国	2004年	2005年	2006年	2007年	2008年	2009年	2010年	2011年	2012年	2013年	2014年	2015年	2016年
ϕ_i^+	0.0429	0.0543	0.0618	0.0723	0.0712	0.0892	0.0871	0.1441	0.1650	0.1694	0.1832	0.1966	0.1804
Φ_i^+	0.1134	0.1436	0.1634	0.1912	0.1883	0.2359	0.2303	0.3810	0.4363	0.4479	0.4844	0.5198	0.4770
德国	2004年	2005年	2006年	2007年	2008年	2009年	2010年	2011年	2012年	2013年	2014年	2015年	2016年
ϕ_i^+	0.0471	0.0504	0.0528	0.0608	0.0780	0.1597	0.2016	0.2387	0.2391	0.2398	0.2532	0.2664	0.2823
Φ_i^+	0.1245	0.1333	0.1396	0.1608	0.2062	0.4223	0.5331	0.6311	0.6322	0.6341	0.6695	0.7044	0.7464
意大利	2004年	2005年	2006年	2007年	2008年	2009年	2010年	2011年	2012年	2013年	2014年	2015年	2016年
ϕ_i^+	0.0278	0.0442	0.0392	0.0467	0.0555	0.0726	0.1127	0.1913	0.1502	0.1513	0.1595	0.1674	0.1648
Φ_i^+	0.0735	0.1169	0.1036	0.1235	0.1467	0.1920	0.2980	0.5058	0.3971	0.4001	0.4217	0.4426	0.4357
日本	2004年	2005年	2006年	2007年	2008年	2009年	2010年	2011年	2012年	2013年	2014年	2015年	2016年
ϕ_i^+	0.0823	0.0850	0.0864	0.0938	0.1075	0.1374	0.1506	0.1664	0.1755	0.2120	0.2845	0.2938	0.2213
Φ_i^+	0.2176	0.2247	0.2285	0.2480	0.2842	0.3633	0.3982	0.4400	0.4640	0.5605	0.7522	0.7768	0.5851
英国	2004年	2005年	2006年	2007年	2008年	2009年	2010年	2011年	2012年	2013年	2014年	2015年	2016年
ϕ_i^+	0.0314	0.0806	0.0446	0.0457	0.0500	0.0811	0.0612	0.0968	0.0827	0.0951	0.1034	0.1625	0.1918
Φ_i^+	0.0830	0.2131	0.1179	0.1208	0.1322	0.2144	0.1618	0.2559	0.2187	0.2515	0.2734	0.4297	0.5071
美国	2004年	2005年	2006年	2007年	2008年	2009年	2010年	2011年	2012年	2013年	2014年	2015年	2016年
ϕ_i^+	0.0326	0.0421	0.0441	0.0350	0.0344	0.0348	0.0408	0.0459	0.0554	0.0634	0.0718	0.0845	0.0850
Φ_i^+	0.0862	0.1113	0.1166	0.0925	0.0910	0.0920	0.1079	0.1214	0.1465	0.1676	0.1898	0.2234	0.2247

表 5－11　各个评价方案的负流量值及其标准化

巴西	2004 年	2005 年	2006 年	2007 年	2008 年	2009 年	2010 年	2011 年	2012 年	2013 年	2014 年	2015 年	2016 年
ϕ_i^-	0.1559	0.1456	0.1435	0.1410	0.1420	0.1452	0.1356	0.1179	0.1187	0.1207	0.1161	0.1124	0.1115
Φ_i^-	0.5212	0.4868	0.4798	0.4714	0.4748	0.4855	0.4534	0.3942	0.3969	0.4035	0.3882	0.3758	0.3728
中国	2004 年	2005 年	2006 年	2007 年	2008 年	2009 年	2010 年	2011 年	2012 年	2013 年	2014 年	2015 年	2016 年
ϕ_i^-	0.1731	0.1628	0.1628	0.1598	0.1541	0.1508	0.1474	0.1419	0.1356	0.1334	0.1289	0.1242	0.1216
Φ_i^-	0.5787	0.5443	0.5443	0.5343	0.5152	0.5042	0.4928	0.4744	0.4534	0.4460	0.4310	0.4152	0.4066
印度	2004 年	2005 年	2006 年	2007 年	2008 年	2009 年	2010 年	2011 年	2012 年	2013 年	2014 年	2015 年	2016 年
ϕ_i^-	0.1806	0.1752	0.1748	0.1750	0.1748	0.1781	0.1747	0.1719	0.1777	0.1850	0.1814	0.1800	0.1776
Φ_i^-	0.6038	0.5858	0.5844	0.5851	0.5844	0.5955	0.5841	0.5747	0.5941	0.6185	0.6065	0.6018	0.5938
南非	2004 年	2005 年	2006 年	2007 年	2008 年	2009 年	2010 年	2011 年	2012 年	2013 年	2014 年	2015 年	2016 年
ϕ_i^-	0.2991	0.2913	0.2833	0.2451	0.2550	0.2744	0.2484	0.2596	0.2138	0.2130	0.1948	0.1866	0.1885
Φ_i^-	1.0000	0.9739	0.9472	0.8195	0.8526	0.9174	0.8305	0.8679	0.7148	0.7121	0.6513	0.6239	0.6302
澳大利亚	2004 年	2005 年	2006 年	2007 年	2008 年	2009 年	2010 年	2011 年	2012 年	2013 年	2014 年	2015 年	2016 年
ϕ_i^-	0.1709	0.1651	0.1677	0.1629	0.1648	0.1537	0.1487	0.1456	0.1233	0.1187	0.1144	0.1216	0.1099
Φ_i^-	0.5714	0.5520	0.5607	0.5446	0.5510	0.5139	0.4972	0.4868	0.4122	0.3969	0.3825	0.4066	0.3674
西班牙	2004 年	2005 年	2006 年	2007 年	2008 年	2009 年	2010 年	2011 年	2012 年	2013 年	2014 年	2015 年	2016 年
ϕ_i^-	0.1394	0.1282	0.1191	0.1099	0.1066	0.0898	0.1179	0.0876	0.0760	0.0733	0.0740	0.0737	0.0725
Φ_i^-	0.4661	0.4286	0.3982	0.3674	0.3564	0.3002	0.3942	0.2929	0.2541	0.2451	0.2474	0.2464	0.2424
加拿大	2004 年	2005 年	2006 年	2007 年	2008 年	2009 年	2010 年	2011 年	2012 年	2013 年	2014 年	2015 年	2016 年
ϕ_i^-	0.1403	0.1311	0.1280	0.1279	0.1203	0.1173	0.1166	0.1117	0.1196	0.1126	0.1013	0.1007	0.1133
Φ_i^-	0.4691	0.4383	0.4280	0.4276	0.4022	0.3922	0.3898	0.3735	0.3999	0.3765	0.3387	0.3367	0.3788

续表

法国	2004 年	2005 年	2006 年	2007 年	2008 年	2009 年	2010 年	2011 年	2012 年	2013 年	2014 年	2015 年	2016 年
ϕ_i^-	0. 1309	0. 1188	0. 1157	0. 1106	0. 1119	0. 1050	0. 1122	0. 1074	0. 0986	0. 0905	0. 0762	0. 0723	0. 0796
Φ_i^-	0. 4376	0. 3972	0. 3868	0. 3698	0. 3741	0. 3511	0. 3751	0. 3591	0. 3297	0. 3026	0. 2548	0. 2417	0. 2661
德国	2004 年	2005 年	2006 年	2007 年	2008 年	2009 年	2010 年	2011 年	2012 年	2013 年	2014 年	2015 年	2016 年
ϕ_i^-	0. 1325	0. 1276	0. 1151	0. 1094	0. 1050	0. 0912	0. 0842	0. 0711	0. 0590	0. 0608	0. 0567	0. 0547	0. 0483
Φ_i^-	0. 4430	0. 4266	0. 3848	0. 3658	0. 3511	0. 3049	0. 2815	0. 2377	0. 1973	0. 2033	0. 1896	0. 1829	0. 1615
意大利	2004 年	2005 年	2006 年	2007 年	2008 年	2009 年	2010 年	2011 年	2012 年	2013 年	2014 年	2015 年	2016 年
ϕ_i^-	0. 1514	0. 1408	0. 1456	0. 1395	0. 1410	0. 1359	0. 1322	0. 1246	0. 1042	0. 1023	0. 1049	0. 1028	0. 1036
Φ_i^-	0. 5062	0. 4707	0. 4868	0. 4664	0. 4714	0. 4544	0. 4420	0. 4166	0. 3484	0. 3420	0. 3507	0. 3437	0. 3464
日本	2004 年	2005 年	2006 年	2007 年	2008 年	2009 年	2010 年	2011 年	2012 年	2013 年	2014 年	2015 年	2016 年
ϕ_i^-	0. 1583	0. 1504	0. 1432	0. 1559	0. 1437	0. 1501	0. 1366	0. 1333	0. 1126	0. 0932	0. 0812	0. 0692	0. 0770
Φ_i^-	0. 5293	0. 5028	0. 4788	0. 5212	0. 4804	0. 5018	0. 4567	0. 4457	0. 3765	0. 3116	0. 2715	0. 2314	0. 2574
英国	2004 年	2005 年	2006 年	2007 年	2008 年	2009 年	2010 年	2011 年	2012 年	2013 年	2014 年	2015 年	2016 年
ϕ_i^-	0. 1767	0. 1544	0. 1500	0. 1469	0. 1394	0. 1185	0. 1282	0. 1153	0. 1064	0. 0974	0. 0869	0. 0728	0. 0694
Φ_i^-	0. 5908	0. 5162	0. 5015	0. 4911	0. 4661	0. 3962	0. 4286	0. 3855	0. 3557	0. 3256	0. 2905	0. 2434	0. 2320
美国	2004 年	2005 年	2006 年	2007 年	2008 年	2009 年	2010 年	2011 年	2012 年	2013 年	2014 年	2015 年	2016 年
ϕ_i^-	0. 1683	0. 1587	0. 1506	0. 1496	0. 1474	0. 1455	0. 1394	0. 1294	0. 1228	0. 1319	0. 1192	0. 1093	0. 1076
Φ_i^-	0. 5627	0. 5306	0. 5035	0. 5002	0. 4928	0. 4865	0. 4661	0. 4326	0. 4106	0. 4410	0. 3985	0. 3654	0. 3597

表5－12　各个评价对象的优势值、劣势值与整体优势值

巴西	2004年	2005年	2006年	2007年	2008年	2009年	2010年	2011年	2012年	2013年	2014年	2015年	2016年
S_i^+	0.8994	0.9032	0.9132	0.9493	0.9290	0.9114	0.8721	0.9922	0.9610	0.9665	0.9593	0.9830	0.9976
S_i^-	0.5984	0.5736	0.5651	0.5554	0.5593	0.5688	0.5482	0.4935	0.4987	0.5061	0.4942	0.4836	0.4814
S_i	0.3010	0.3296	0.3481	0.3939	0.3697	0.3426	0.3240	0.4987	0.4623	0.4604	0.4651	0.4995	0.5163
中国	2004年	2005年	2006年	2007年	2008年	2009年	2010年	2011年	2012年	2013年	2014年	2015年	2016年
S_i^+	0.3515	0.3361	0.3314	0.3410	0.3886	0.3901	0.4116	0.3462	0.4015	0.4147	0.4847	0.5125	0.5205
S_i^-	0.7073	0.6876	0.6914	0.6841	0.6656	0.6571	0.6481	0.6346	0.6162	0.6024	0.5837	0.5683	0.5599
S_i	-0.3558	-0.3515	-0.3599	-0.3431	-0.2770	-0.2671	-0.2365	-0.2885	-0.2147	-0.1877	-0.0990	-0.0558	-0.0394
印度	2004年	2005年	2006年	2007年	2008年	2009年	2010年	2011年	2012年	2013年	2014年	2015年	2016年
S_i^+	0.4154	0.4159	0.4072	0.4016	0.4054	0.4047	0.3914	0.4209	0.3706	0.3459	0.3533	0.4075	0.4524
S_i^-	0.7059	0.6954	0.6914	0.6928	0.6941	0.7047	0.6972	0.6886	0.7068	0.7252	0.7221	0.7166	0.7080
S_i	-0.2905	-0.2795	-0.2841	-0.2912	-0.2887	-0.3000	-0.3058	-0.2677	-0.3362	-0.3793	-0.3688	-0.3091	-0.2556
南非	2004年	2005年	2006年	2007年	2008年	2009年	2010年	2011年	2012年	2013年	2014年	2015年	2016年
S_i^+	0.0572	0.0915	0.0633	0.1064	0.0743	0.0628	0.0992	0.0797	0.2966	0.2710	0.3918	0.3892	0.2789
S_i^-	1.0000	0.9838	0.9692	0.8960	0.9169	0.9540	0.9020	0.9227	0.8213	0.8200	0.7680	0.7486	0.7631
S_i	-0.9428	-0.8923	-0.9059	-0.7896	-0.8427	-0.8912	-0.8027	-0.8430	-0.5247	-0.5489	-0.3762	-0.3594	-0.4842
澳大利亚	2004年	2005年	2006年	2007年	2008年	2009年	2010年	2011年	2012年	2013年	2014年	2015年	2016年
S_i^+	0.1823	0.1969	0.2130	0.2443	0.2738	0.3333	0.3862	0.4172	0.4549	0.4843	0.5433	0.4953	0.5565
S_i^-	0.7253	0.7095	0.7132	0.7001	0.7033	0.6762	0.6545	0.6404	0.5952	0.5826	0.5693	0.5887	0.5584
S_i	-0.5430	-0.5126	-0.5003	-0.4558	-0.4295	-0.3429	-0.2683	-0.2233	-0.1403	-0.0982	-0.0260	-0.0934	-0.0019

续表

西班牙	2004年	2005年	2006年	2007年	2008年	2009年	2010年	2011年	2012年	2013年	2014年	2015年	2016年
S_i^+	0.2423	0.2431	0.2485	0.3139	0.4890	0.4099	0.4113	0.4991	0.4308	0.4970	0.4639	0.4374	0.5172
S_i^-	0.6417	0.6220	0.5974	0.5633	0.5358	0.5015	0.5497	0.4814	0.4558	0.4401	0.4449	0.4489	0.4460
S_i	-0.3994	-0.3789	-0.3490	-0.2494	-0.0468	-0.0915	-0.1384	0.0178	-0.0250	0.0569	0.0190	-0.0115	0.0712
加拿大	2004年	2005年	2006年	2007年	2008年	2009年	2010年	2011年	2012年	2013年	2014年	2015年	2016年
S_i^+	0.6112	0.6290	0.5595	0.5671	0.5767	0.5760	0.6046	0.6506	0.6705	0.6802	0.7215	0.8029	0.7155
S_i^-	0.6055	0.5798	0.5749	0.5722	0.5487	0.5393	0.5332	0.5150	0.5344	0.5133	0.4785	0.4718	0.5154
S_i	0.0057	0.0492	-0.0154	-0.0051	0.0280	0.0367	0.0714	0.1356	0.1361	0.1668	0.2430	0.3311	0.2001
法国	2004年	2005年	2006年	2007年	2008年	2009年	2010年	2011年	2012年	2013年	2014年	2015年	2016年
S_i^+	0.2053	0.2358	0.2511	0.2763	0.2731	0.3162	0.3133	0.4259	0.4710	0.4832	0.5197	0.5463	0.5207
S_i^-	0.6571	0.6289	0.6204	0.6038	0.6023	0.5792	0.5894	0.5666	0.5434	0.5244	0.4887	0.4771	0.4904
S_i	-0.4518	-0.3931	-0.3693	-0.3275	-0.3292	-0.2630	-0.2761	-0.1407	-0.0724	-0.0412	0.0310	0.0692	0.0303
德国	2004年	2005年	2006年	2007年	2008年	2009年	2010年	2011年	2012年	2013年	2014年	2015年	2016年
S_i^+	0.2210	0.2330	0.2492	0.2792	0.3197	0.4693	0.5586	0.6552	0.6671	0.6725	0.6997	0.7225	0.7482
S_i^-	0.6459	0.6320	0.5993	0.5739	0.5562	0.5079	0.4804	0.4373	0.4078	0.4123	0.3950	0.3868	0.3681
S_i	-0.4249	-0.3990	-0.3500	-0.2947	-0.2366	-0.0386	0.0782	0.2179	0.2593	0.2602	0.3046	0.3357	0.3802
意大利	2004年	2005年	2006年	2007年	2008年	2009年	2010年	2011年	2012年	2013年	2014年	2015年	2016年
S_i^+	0.1891	0.2203	0.2048	0.2197	0.2367	0.2779	0.3546	0.5174	0.4541	0.4710	0.4928	0.5174	0.5194
S_i^-	0.6881	0.6676	0.6782	0.6668	0.6647	0.6450	0.6261	0.5897	0.5467	0.5423	0.5451	0.5357	0.5369
S_i	-0.4990	-0.4473	-0.4734	-0.4471	-0.4279	-0.3671	-0.2715	-0.0723	-0.0925	-0.0713	-0.0523	-0.0183	-0.0175

续表

日本	2004年	2005年	2006年	2007年	2008年	2009年	2010年	2011年	2012年	2013年	2014年	2015年	2016年
S_i^+	0.2895	0.2996	0.3065	0.3218	0.3530	0.4137	0.4419	0.4852	0.5224	0.6060	0.7407	0.7691	0.6533
S_i^-	0.7107	0.6942	0.6768	0.6989	0.6707	0.6793	0.6458	0.6357	0.5903	0.5326	0.4866	0.4516	0.4758
S_i	-0.4211	-0.3946	-0.3702	-0.3771	-0.3177	-0.2656	-0.2039	-0.1505	-0.0679	0.0734	0.2541	0.3175	0.1775
英国	2004年	2005年	2006年	2007年	2008年	2009年	2010年	2011年	2012年	2013年	2014年	2015年	2016年
S_i^+	0.1536	0.2608	0.1973	0.1991	0.2105	0.2824	0.2367	0.3063	0.2888	0.3239	0.3583	0.4761	0.5451
S_i^-	0.7726	0.7212	0.7146	0.7059	0.6865	0.6361	0.6568	0.6139	0.5967	0.5638	0.5284	0.4775	0.4566
S_i	-0.6190	-0.4605	-0.5174	-0.5068	-0.4760	-0.3537	-0.4201	-0.3076	-0.3079	-0.2399	-0.1701	-0.0015	0.0886
美国	2004年	2005年	2006年	2007年	2008年	2009年	2010年	2011年	2012年	2013年	2014年	2015年	2016年
S_i^+	0.1653	0.1907	0.1986	0.1796	0.1807	0.1864	0.2041	0.2248	0.2498	0.2634	0.2895	0.3208	0.3265
S_i^-	0.7481	0.7269	0.7071	0.7030	0.6952	0.6884	0.6713	0.6415	0.6227	0.6378	0.6060	0.5805	0.5722
S_i	-0.5828	-0.5362	-0.5085	-0.5234	-0.5145	-0.5020	-0.4672	-0.4167	-0.3729	-0.3744	-0.3165	-0.2596	-0.2457

5.2.4 不同模型结果比较

为了比较本书提出的 TOPSIS-PROMETHEE 模型与 TOPSIS 模型和 PROMETHEE 模型的不同，本书将这三个模型的评价结果进行了对比，然后计算了它们的标准差（SD）、最优方案与和其他方案的平均差值与最优最劣方案差值之比（DAB/DBW）、最优方案和次优方案差值与最优最劣方案差值之比（DFS/DBW），并进行了比较，结果见表 5－13。

表 5－13　13 国可再生能源开发利用绩效不同模型评价结果比较

国家	年份	TOPSIS 模型		PROMETHEE 模型		TOPSIS-PROMETHEE 模型	
		绩效值	排名	绩效值	排名	绩效值	排名
巴西	2004	0. 5805	13	0. 1708	21	0. 3010	18
	2005	0. 5881	12	0. 1810	17	0. 3296	14
	2006	0. 5937	9	0. 1879	15	0. 3481	10
	2007	0. 6023	7	0. 2109	10	0. 3939	7
	2008	0. 5968	8	0. 2003	13	0. 3697	9
	2009	0. 5927	10	0. 1853	16	0. 3426	11
	2010	0. 5891	11	0. 1755	20	0. 3240	15
	2011	0. 6278	2	0. 2544	3	0. 4987	3
	2012	0. 6183	5	0. 2402	4	0. 4623	5
	2013	0. 6170	6	0. 2395	6	0. 4604	6
	2014	0. 6197	4	0. 2397	5	0. 4651	4
	2015	0. 6270	3	0. 2552	2	0. 4995	2
	2016	[illegible]	1	[illegible]	1	0. 5103	1
中国	2004	0. 3587	92	－0. 0840	133	－0. 3558	115
	2005	0. 3476	96	－0. 0760	127	－0. 3515	113
	2006	0. 3407	102	－0. 0760	126	－0. 3599	117
	2007	0. 3446	99	－0. 0677	122	－0. 3431	110
	2008	0. 3647	87	－0. 0373	93	－0. 2770	91
	2009	0. 3628	88	－0. 0302	89	－0. 2671	86
	2010	0. 3747	80	－0. 0180	80	－0. 2365	77
	2011	0. 3586	93	－0. 0481	100	－0. 2885	94
	2012	0. 3823	76	－0. 0143	78	－0. 2147	75
	2013	0. 3953	71	－0. 0073	75	－0. 1877	73
	2014	0. 4205	63	0. 0356	65	－0. 0990	67

续表

国家	年份	TOPSIS 模型		PROMETHEE 模型		TOPSIS-PROMETHEE 模型	
		绩效值	排名	绩效值	排名	绩效值	排名
中国	2015	0.4366	55	0.0521	57	-0.0558	58
	2016	0.4420	51	0.0584	51	-0.0394	54
印度	2004	0.3952	72	-0.0661	119	-0.2905	96
	2005	0.3975	70	-0.0615	112	-0.2795	92
	2006	0.3890	75	-0.0590	109	-0.2841	93
	2007	0.3792	78	-0.0562	106	-0.2912	97
	2008	0.3807	77	-0.0550	105	-0.2887	95
	2009	0.3706	81	-0.0532	103	-0.3000	99
	2010	0.3613	90	-0.0520	102	-0.3058	100
	2011	0.3680	82	-0.0302	90	-0.2677	87
	2012	0.3458	98	-0.0612	111	-0.3362	108
	2013	0.3308	106	-0.0789	130	-0.3793	127
	2014	0.3226	114	-0.0649	117	-0.3688	119
	2015	0.3465	97	-0.0385	97	-0.3091	103
	2016	0.3600	91	-0.0103	76	-0.2556	82
南非	2004	0.1012	169	-0.2984	169	-0.9428	169
	2005	0.1143	166	-0.2706	166	-0.8923	167
	2006	0.1109	167	-0.2822	168	-0.9059	168
	2007	0.1627	162	-0.2360	162	-0.7896	162
	2008	0.1284	165	-0.2535	164	-0.8427	164
	2009	0.1080	168	-0.2723	167	-0.8912	166
	2010	0.1533	163	-0.2399	163	-0.8027	163
	2011	0.1299	164	-0.2545	165	-0.8430	165
	2012	0.2893	129	-0.1323	156	-0.5247	156
	2013	0.2737	138	-0.1402	159	-0.5489	159
	2014	0.3443	101	-0.0741	125	-0.3762	124
	2015	0.3360	105	-0.0594	110	-0.3594	116
	2016	0.2732	139	-0.1049	145	-0.4842	146
澳大利亚	2004	0.2473	151	-0.1422	160	-0.5430	158
	2005	0.2622	144	-0.1327	157	-0.5126	152
	2006	0.2696	142	-0.1275	155	-0.5003	148
	2007	0.2868	131	-0.1082	149	-0.4558	141
	2008	0.2982	125	-0.0952	140	-0.4295	137
	2009	0.3289	111	-0.0571	108	-0.3429	109

续表

国家	年份	TOPSIS 模型		PROMETHEE 模型		TOPSIS-PROMETHEE 模型	
		绩效值	排名	绩效值	排名	绩效值	排名
澳大利亚	2010	0.3661	86	-0.0339	91	-0.2683	88
	2011	0.3952	73	-0.0263	87	-0.2233	76
	2012	0.4199	64	0.0078	72	-0.1403	69
	2013	0.4396	53	0.0198	68	-0.0982	66
	2014	0.4571	45	0.0558	54	-0.0260	52
	2015	0.4476	49	0.0168	69	-0.0934	65
	2016	0.4673	39	0.0624	48	-0.0019	45
西班牙	2004	0.3171	115	-0.0998	143	-0.3994	131
	2005	0.3170	116	-0.0874	136	-0.3789	126
	2006	0.3299	109	-0.0796	131	-0.3490	111
	2007	0.3661	85	-0.0383	96	-0.2494	81
	2008	0.4367	54	0.0536	56	-0.0468	56
	2009	0.4272	58	0.0221	67	-0.0915	63
	2010	0.4218	61	-0.0014	73	-0.1384	68
	2011	0.4560	46	0.0776	41	0.0178	42
	2012	0.4604	44	0.0377	63	-0.0250	51
	2013	0.4824	35	0.0787	40	0.0569	35
	2014	0.4736	38	0.0582	52	0.0190	41
	2015	0.4654	40	0.0427	62	-0.0115	47
	2016	0.4845	33	0.0878	36	0.0712	33
加拿大	2004	0.4772	36	0.0659	45	0.0057	43
	2005	0.4900	32	0.0827	37	0.0492	36
	2006	0.4770	37	0.0462	60	-0.0134	48
	2007	0.4825	34	0.0483	59	-0.0051	46
	2008	0.4952	31	0.0579	53	0.0280	40
	2009	0.4969	30	0.0621	49	0.0367	37
	2010	0.5059	29	0.0787	39	0.0714	32
	2011	0.5234	24	0.1078	32	0.1356	28
	2012	0.5207	25	0.1128	31	0.1361	27
	2013	0.5300	23	0.1246	26	0.1668	26
	2014	0.5546	17	0.1533	23	0.2430	22
	2015	0.5716	14	0.2004	12	0.3311	13
	2016	0.5420	19	0.1361	25	0.2001	24

续表

国家	年份	TOPSIS 模型		PROMETHEE 模型		TOPSIS-PROMETHEE 模型	
		绩效值	排名	绩效值	排名	绩效值	排名
法国	2004	0.2532	149	-0.0880	137	-0.4518	140
	2005	0.2760	136	-0.0645	116	-0.3931	128
	2006	0.2841	134	-0.0540	104	-0.3693	120
	2007	0.3014	121	-0.0382	95	-0.3275	106
	2008	0.3012	122	-0.0407	98	-0.3292	107
	2009	0.3294	110	-0.0157	79	-0.2630	84
	2010	0.3303	108	-0.0251	86	-0.2761	90
	2011	0.3782	79	0.0366	64	-0.1407	70
	2012	0.4004	69	0.0664	44	-0.0724	62
	2013	0.4100	66	0.0789	38	-0.0412	55
	2014	0.4344	56	0.1070	33	0.0310	38
	2015	0.4457	50	0.1243	27	0.0692	34
	2016	0.4412	52	0.1008	34	0.0303	39
德国	2004	0.2722	141	-0.0854	134	-0.4249	135
	2005	0.2844	133	-0.0772	129	-0.3990	130
	2006	0.3061	118	-0.0623	114	-0.3500	112
	2007	0.3370	103	-0.0486	101	-0.2947	98
	2008	0.3626	89	-0.0270	88	-0.2366	78
	2009	0.4207	62	0.0685	42	-0.0386	53
	2010	0.4623	42	0.1174	30	0.0782	30
	2011	0.5161	26	0.1676	22	0.2179	23
	2012	0.5317	21	0.1801	18	0.2593	20
	2013	0.5336	20	0.1790	19	0.2602	19
	2014	0.5486	18	0.1965	14	0.3046	17
	2015	0.5563	16	0.2118	9	0.3357	12
	2016	0.5662	15	0.2339	7	0.3802	8
意大利	2004	0.2594	147	-0.1236	154	-0.4990	147
	2005	0.2725	140	-0.0966	141	-0.4473	139
	2006	0.2602	146	-0.1065	147	-0.4734	144
	2007	0.2670	143	-0.0927	139	-0.4471	138
	2008	0.2758	137	-0.0855	135	-0.4279	136
	2009	0.3034	120	-0.0633	115	-0.3671	118
	2010	0.3366	104	-0.0195	82	-0.2715	89
	2011	0.4095	67	0.0666	43	-0.0723	61

续表

国家	年份	TOPSIS 模型		PROMETHEE 模型		TOPSIS-PROMETHEE 模型	
		绩效值	排名	绩效值	排名	绩效值	排名
意大利	2012	0.4069	68	0.0460	61	-0.0925	64
	2013	0.4219	60	0.0490	58	-0.0713	60
	2014	0.4326	57	0.0545	55	-0.0523	57
	2015	0.4487	48	0.0646	46	-0.0183	50
	2016	0.4533	47	0.0613	50	-0.0175	49
日本	2004	0.2884	130	-0.0760	128	-0.4211	134
	2005	0.2972	128	-0.0654	118	-0.3946	129
	2006	0.3054	119	-0.0567	107	-0.3702	121
	2007	0.3109	117	-0.0622	113	-0.3771	125
	2008	0.3288	112	-0.0362	92	-0.3177	105
	2009	0.3514	95	-0.0127	77	-0.2656	85
	2010	0.3677	83	0.0140	71	-0.2039	74
	2011	0.3911	74	0.0331	66	-0.1505	71
	2012	0.4194	65	0.0629	47	-0.0679	59
	2013	0.4637	41	0.1188	29	0.0734	31
	2014	0.5096	28	0.2032	11	0.2541	21
	2015	0.5312	22	0.2246	8	0.3175	16
	2016	0.5096	27	0.1443	24	0.1775	25
英国	2004	0.1902	161	-0.1453	161	-0.6190	161
	2005	0.2498	150	-0.0738	124	-0.4605	142
	2006	0.2297	157	-0.1054	146	-0.5174	154
	2007	0.2315	155	-0.1013	144	-0.5068	150
	2008	0.2415	152	-0.0895	138	-0.4760	145
	2009	0.2857	132	-0.0374	94	-0.3537	114
	2010	0.2604	145	-0.0670	120	-0.4201	133
	2011	0.2975	126	-0.0184	81	-0.3076	101
	2012	0.3000	124	-0.0237	84	-0.3079	102
	2013	0.3307	107	-0.0024	74	-0.2399	79
	2014	0.3664	84	0.0164	70	-0.1701	72
	2015	0.4233	59	0.0897	35	-0.0015	44
	2016	0.4613	43	0.1224	28	0.0886	29
美国	2004	0.2075	160	-0.1357	158	-0.5828	160
	2005	0.2263	159	-0.1167	153	-0.5362	157
	2006	0.2355	154	-0.1065	148	-0.5085	151

续表

国家	年份	TOPSIS 模型		PROMETHEE 模型		TOPSIS-PROMETHEE 模型	
		绩效值	排名	绩效值	排名	绩效值	排名
美国	2007	0.2274	158	-0.1146	152	-0.5234	155
	2008	0.2315	156	-0.1130	151	-0.5145	153
	2009	0.2398	153	-0.1107	150	-0.5020	149
	2010	0.2552	148	-0.0986	142	-0.4672	143
	2011	0.2785	135	-0.0835	132	-0.4167	132
	2012	0.2973	127	-0.0674	121	-0.3729	122
	2013	0.3009	123	-0.0684	123	-0.3744	123
	2014	0.3236	113	-0.0474	99	-0.3165	104
	2015	0.3446	100	-0.0249	85	-0.2596	83
	2016	0.3530	94	-0.0226	83	-0.2457	80
SD		0.1203		0.1187		0.3134	
DAB/DBW		0.4740		0.4748		0.4867	
DFS/DBW		0.0000		0.0204		0.0115	

根据上述结果，我们可以发现，在标准差（SD）、最优方案与和其他方案的平均差值与最优最劣方案差值之比（DAB/DBW）、最优方案和次优方案差值与最优最劣方案差值之比（DFS/DBW）三个判断评价模型优劣的标准中，本书提出的 TOPSIS-PROMETHEE 模型在其中两个指标上相比其他两个模型更高，其中，在指标 SD 上要比 TOPSIS 模型和 PROMETHEE 模型高 62% 左右，在指标 DAB/DBW 上要比 TOPSIS 模型和 PROMETHEE 模型高 2.5%；在指标 DFS/DBW 上，本书提出的 TOPSIS-PROMEHTEE 模型虽然比 PROMETHEE 模型的指标值略小，但与 TOPSIS 模型的指标值相比仍高出不少。因此，可以认为，本书采用 TOPSIS-PROMETHEE 模型来对这 13 个国家 2004～2016 年的可再生能源开发利用绩效进行评价是科学合理的，这与第 4 章中对该模型的科学性进行算例验证得到的结论是一致的。

5.3　可再生能源开发利用绩效横向分析

为了分析各个国家可再生能源开发利用绩效的整体情况，本书根据

表5－13中各个国家在各个年份的可再生能源开发利用绩效整体优势值，对其进行归一化计算，然后经整理得到了13个国家在这13年间可再生能源开发利用绩效的整体情况，如图5－2所示。

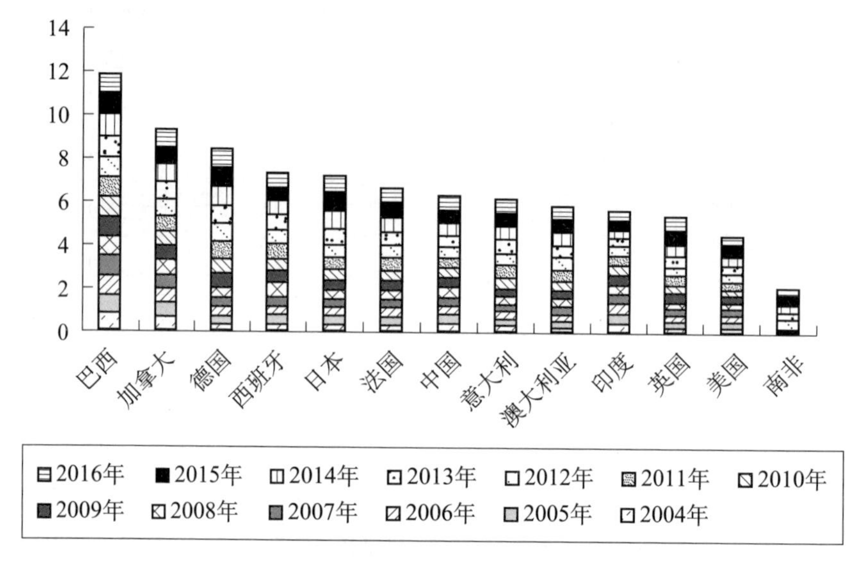

图5－2　各个国家可再生能源开发利用绩效的整体情况

从图5－2中可以发现，2004～2016年，这13个国家的可再生能源开发利用绩效可以分为五个等级：高绩效国家、中—高绩效国家、中等绩效国家、中—低绩效国家和低绩效国家。作为可再生能源开发利用高绩效国家，巴西在可再生能源开发利用方面一直处于世界前列，可再生能源开发利用绩效总得分为12.04。中—高绩效国家包括加拿大（9.35）和德国（8.46），中等绩效国家包括西班牙（7.35）、日本（7.20）、法国（6.66）、中国（6.29）、意大利（6.17）、澳大利亚（5.91）、印度（5.69）和英国（5.46）。美国的可再生能源开发利用绩效得分为4.55，属于中—低绩效国家，而南非的可再生能源开发利用方面绩效明显比其他国家要差，其可再生能源开发利用绩效得分仅为2.09。

具体来看，巴西能够拥有比较高的可再生能源开发利用绩效，主要是因为该国家的可再生能源项目的建设和生产显示出比较好的效果。巴西拥有世界上径流量最大的亚马逊河，水能资源极为丰富，水电装机容量和发电量占全国总发电装机容量和发电量的比例高达 80% 以上。而且，作为农业大国，巴西还拥有丰富的生物资源。巴西是世界上最早使用生物质能源的国家，早在 1975 年，巴西政府就通过使用各种财政和税收政策，鼓励大规模种植甘蔗，用酒精替代石油作为主要燃料，后来，巴西政府鼓励用大豆和油棕榈生产生物柴油，并致力于从农林业废料中提取乙醇，进一步提升乙醇产量。此外，巴西在太阳能和风能开发方面也投入了大量的资金和精力。作为全球第三大可再生能源生产国，巴西可再生能源占一次能源供应总量的比例一直保持在 40% ~45%，这是世界上任何一个国家都无法比拟的。

在可再生能源开发利用绩效方面处于第二梯队的是加拿大和德国。加拿大作为全球第四大可再生能源生产国，与巴西比较类似的是，水电也是加拿大的主要电力来源，水电的发电装机容量和发电量占全国总量的比例都超过了 60%，而且作为一个地广人稀的发达国家，加拿大在可再生能源的技术绩效和环境绩效方面也做得比较好，尤其是在国际减排压力和新的减排措施下，可再生能源的推广效果十分明显。德国作为欧洲最大经济体，也是欧洲可再生能源发展的典型代表。长期以来，德国一直高度依赖进口化石能源来维持国家经济。为了保障能源安全、推动能源转型，德国政府大力支持可再生能源的发展，在风能、太阳能和生物质能领域，德国一直都扮演着欧洲领头羊的角色，大力支持能源企业进入可再生能源领域。而且，德国对居民投资可再生能源也给予高额补贴，因而德国的分布式光伏发电系统分布非常广泛。近年来，德国接近一半的电力供应来源于可再生能源发电，可再生能源在其能源结构中扮演着越来越重要的角色。

在 8 个中等可再生能源开发利用绩效的国家中，根据国家经济发展程度和资源特点，大致可以分为三大类：能源输入型发达国家经济体，能源输出型发达国家经济体，能源输入型新兴国家经济体。

第一类是以西班牙、日本、法国、意大利和英国为代表的能源输入型发达国家经济体。作为世界上最成熟和最具代表性的发达国家，这些国家在过去上百年的发展中已经逐步形成了相对比较固定的，以进口化石能源和核能为主要能源来源的能源系统。为了促进能源转型，这些国家在可再生能源的发展上已经具有数十年的历史，已经拥有了比较丰富的可再生能源发展经验。曲折的海岸线和独特的气候，使得欧洲大陆，尤其是南欧、西欧和北欧，拥有丰富的风能和太阳能资源，为可再生能源的发展提供了天然的优势。与此同时，这些国家一直都面临着从外部进口能源的威胁，因而有着较长的发展可再生能源的历史传统，在可再生能源的投入和对可再生能源的技术开发与研究上都保持着比较大的力度。而且公众对可再生能源的理解和支持程度都比较高，因而可再生能源的发展已经比较成熟，装机容量和发电量占总量的比例基本上保持在20% ~40%，呈现出较好的可再生能源开发利用绩效。

第二类是以澳大利亚为代表的能源输出型发达国家经济体。澳大利亚地广人稀，而且拥有丰富的化石能源，与其他发达国家相比，并没有面临能源安全方面的问题。实际上，在过去十多年中，澳大利亚在可再生能源开发利用的能源绩效方面表现并不是突出，但却呈现出比较稳定的增长态势，这种增长态势不仅仅体现在量的方面，而且表现为可再生能源的装机容量、发电量、占一次能源供应总量的比例都呈现出稳步增长趋势。而且，澳大利亚是世界上第一个提出可再生能源发展目标的国家，通过推出一系列的可再生能源政策，可再生能源产业呈现出稳步发展的趋势，为促进社会就业和发展提供了巨大的推动作用，并且为政府创造了更多的税收收益。虽然澳大利亚的技术绩效和环境绩效方面并不像其他发达国家那样特别突出，但巨大的社会效益使澳大利亚仍然能够在可再生能源开发利用绩效从整体上取得比较突出的表现。

第三类是以中国和印度为代表的能源输入型新兴国家经济体。如果单纯考虑可再生能源发展的数量和规模，印度和中国无疑是世界范围可再生能源发展领域的两颗明星，尤其是中国，无论是可再生能源的开发利用规模，还是发展速度，都居世界首位。但是，作为世界上人口最多，同时也是最大的两个发展中国家，印度和中国的能源需求量也是巨大的。虽然两个国家的可再生能源发展和投资规模在世界范围都是处于比较高的水平，而且可再生能源技术水平也是在快速提高，但是考虑到两国庞大的能源消费规模和粗放的经济发展模式，可再生能源对整个经济和能源结构的支撑作用并不明显，在可再生能源的社会绩效和环境绩效方面一直都处于较低水平。因此，这两个国家的可再生能源开发利用综合绩效仅仅处于中游水平。

美国的可再生能源开发利用水平在本书所有的评价国家中排名比较靠后，显示出其可再生能源发展水平与其世界第一大国的地位并不相称。美国作为世界上最大的经济体，也是世界第二大能源消费体，虽然可再生能源的投资规模和装机容量都处于较高水平，但是与其庞大的经济实力和能源消费规模相比，可再生能源投资占国内生产总值比重较低，可再生能源装机容量和发电量占其总量的比重也较小，能源消费仍然传统化石能源为主。但是得益于技术上的超强实力和成熟的社会发展模式，在技术绩效、社会绩效和环境绩效上具有一定的优势，这些优势在一定程度上弥补了美国在能源绩效和经济绩效上的不足。

南非的可再生能源开发利用绩效在所有国家中排名垫底并不意外。南非虽然是非洲最发达的国家，也是非洲可再生能源投资规模最大的国家，但是与世界发达国家相比，南非在经济、社会、科技等方面的绩效表现都比较差，即便是与其他金砖国家组织相比，南非在经济和科技上的差距也是比较明显的。尽管这些年来南非的可再生能源发展比较迅猛，但是在世界主要经济体中，南非的可再生能源发展规模和水平依然是比较低的，与世界发达国家和其他新兴经济体相比，仍然有比较大的差距。

5.4　可再生能源开发利用绩效纵向分析

为了具体分析各个国家在这 13 年期间可再生能源开发利用绩效的变化趋势，本书根据第 5.2 节的综合评价结果，计算各个国家的可再生能源开发利用绩效整体优势得分在这 13 年期间的标准差（如图 5 - 3 所示），并将各个国家的可再生能源开发利用绩效进行纵向比较，以反映各个国家的可再生能源开发利用绩效的稳定性，以及 13 年来的变化趋势（如图 5 - 4 所示）。

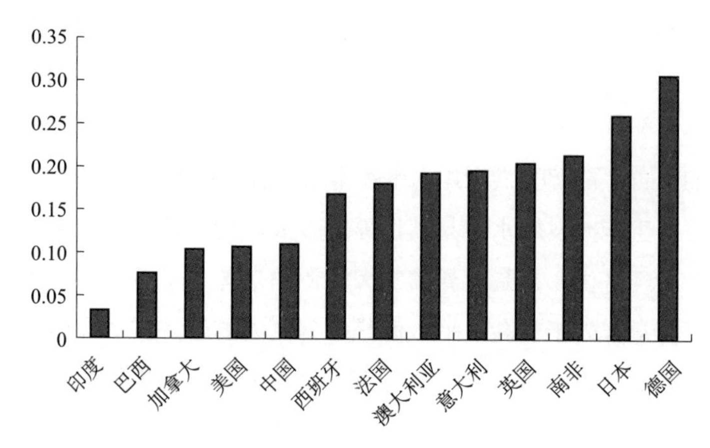

图 5－3　各国可再生能源开发利用绩效的标准差

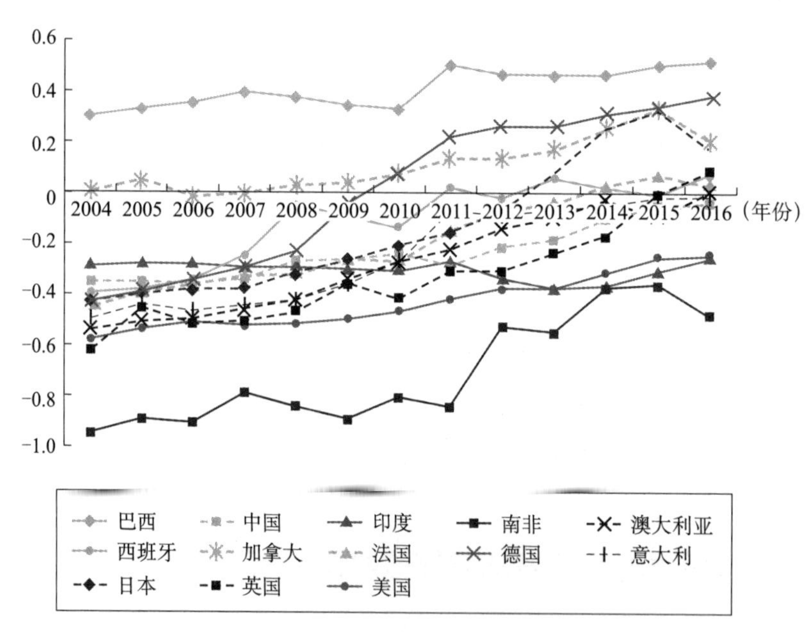

图 5－4　2004～2016 年各国可再生能源开发利用绩效

根据上述分析结果，可以发现，加拿大、印度和巴西的可再生能源开发利用绩效得分在这 13 年期间呈现出比较小的标准差，标准差值基本上保持在 0.08 以内，说明这三个国家的可再生能源开发利用绩效在这 13 年期间相对比较稳定，没有出现明显的起伏和波动。加拿大、美国和中国的可再生能源开发利用绩效得分标准差都保持在 0.1 左右，说明这些国家的可再生能源开发利用绩效在过去的 13 年中出现了一定幅度的波动，但整体波动水平并不高。西班牙、法国、澳大利亚、意大利、英国、南非等国的可再生能源开发利用绩效得分标准差基本上在 0. 17 ~0. 21 之间浮动，其可再生能源开发利用绩效波动比较明显。相比之下，日本和德国的可再生能源开发利用绩效得分标准差要更大一些，均超过了 0. 25，说明这两个国家的可再生能源开发利用绩效在过去 13 年中出现了比较剧烈的变化。

从变化趋势上来看，如图 5 –4 所示，在过去的 13 年中，所有国家的可再生能源开发利用绩效都呈现出不同程度的增长态势。而且大多数国家的可再生能源开发利用绩效 2004 ~2010 年没有出现太大的波动，大多数国家的大幅波动都是从 2011 年开始出现的。

从不同国家可再生能源开发利用绩效的具体变化趋势来看，这 13 个国家大致可以分为以下几个类型。

第一类：快速上升型，包括德国、法国、澳大利亚和日本等国家。这些国家都是典型的发达资本主义国家，在过去十多年中，它们的可再生能源开发利用绩效都呈现出比较快速、稳定的上升趋势，其中，德国的上升趋势最快，法国和澳大利亚变化速度相对较慢，日本的可再生能源开发利用绩效同样呈现出快速上升的趋势，但在 2016 年时出现了临时性的较大幅度下滑。

第二类：平缓上升型，包括巴西、加拿大、意大利、中国和美国。其中，中国和美国的可再生能源开发利用绩效趋势相对平缓，其间没有出现较大幅度波动，呈缓慢上升态势。巴西和意大利则呈现出比较明显的阶段性特征，在 2010 年之前和 2011 年之后的变化趋势都较为平缓，在 2011 年时出现了较大幅度的上升。加拿大的可再生能源开发利用绩效变化趋势也比较平缓，但在 2016 年时同样出现了临时性的较大幅度下滑。

第三类：振荡上升型，包括西班牙、英国和南非。这三个国家的可再生能源开发利用绩效从整体上来讲，都呈现出上升趋势，但在上升的过程中，出现了比较显著的波动。其中，西班牙和英国的可再生能源开发利用趋势波动主要出现在 2010 年之前，而在此之后则呈现出较为稳定的上升趋势。南非的可再生能源开发利用绩效则是在 2011 年之前保持比较稳定的状态，没有明显的上升或下降趋势，然后在2012年之后呈现出一个比较突然的上升态势。

第四类：稳中略降型，主要代表国家是印度。印度的可再生能源开发利用绩效在此期间并没有出现太大的变化，仅仅在2013年出现了小幅下滑，之后又重新恢复缓慢的上升趋势。

从整体来看，大多数国家的可再生能源开发利用绩效在过去十多年之中都是处于稳定的增长状态。对于大多数国家而言，2007～2011年的可再生能源开发利用绩效增长较快，从2012年开始，主要发达国家，尤其是欧洲发达国家，其可再生能源开发利用绩效的增长趋势明显放缓，甚至出现了阶段性的下滑。这种增长趋势放缓现象主要是由于对可再生能源领域的投资减少造成的。2012年，由于欧美发达国家对可再生能源领域的投资开始减少，使得可再生能源的发展速度减缓，从而导致可再生能源开发利用绩效下降。这种下降趋势的背后隐藏着三个方面的趋势：第一，随着欧美国家可再生能源市场的逐渐成熟，对风能、太阳能等可再生能源项目的补贴开始减少；第二，可再生能源的技术成本逐渐降低，尤其是开发规模较大的风能和光伏发电技术；第三，可再生能源产业的成熟逐渐吸引越来越多的私人投资者的投资兴趣。这些趋势都说明欧美国家的可再生能源产业已经逐步走向成熟，政府的鼓励政策起到了很好的刺激作用，并逐步退出市场，可再生能源产业开始步入独立发展的轨道。

5.5 中国可再生能源开发利用绩效分析

从第5.2节的分析结果来看，2004～2016年，中国的可再生能源开发利用绩效在所有13个国家中处于中等水平。从横向结果来看，中国的可再生能源开发利用绩效在过去十多年中一直是处于下半区。从纵向结果来看，中国的可再生能源开发利用绩效呈现出稳步上升的状态，但是这种上升十分缓慢，而且在所有国家中排序呈现出逐渐落后的状态。这一切都表明，中国的可再生能源开发利用绩效与其他国家相比并不理想，在很多方面都处于劣势。

事实上，中国拥有丰富的可再生能源资源，在中国的北方地区，尤其是内蒙古自治区和西北诸省区，拥有着丰富的风能和太阳能资源，而东部和南部的平原和丘陵地区则有着丰富的生物质资源，沿海地区还有着数量可观的海上风能和潮汐能，在西南部地区则蕴藏着极为丰富的水能。如此丰富的可再生能源资源为中国可再生能源的开发利用奠定了丰富的资源基础，而近年来，中国也一直大力开发现有的可再生能源资源，在可再生能源的开发利用方面也一直走在世界前沿。2004～2016 年，中国的可再生能源装机容量从 107 吉瓦增长到 541 吉瓦，年均增长率达 14.5%，是研究期间世界上可再生能源发电装机容量最大和增长速度最快的国家。

在可再生能源装机容量和产量快速增长的背后，是中国经济的快速发展，导致能源需求急剧膨胀。为了获取更多能源，中国不得不增加能源进口量。到 2018 年，中国原油进口依存度已经突破 70%，天然气的进口依存度也快速攀升至 42.7%。与此同时，中国对国际社会作出了自己的减排承诺，并制定了具有挑战性的减排目标，这也给中国以煤炭为主的能源安全系统带来了巨大的压力。因此，中国不得不转向可再生能源来解决所面临的能源安全问题。

为了对可再生能源进行开发利用，增加能源产品的供应来源，中国一直保持着对可再生能源领域的高投资。2004～2016 年，中国对可再生能源的投资从 30 亿美元增长到 1459 亿美元，对可再生能源领域的投资在这 13 年间累计高达 7709 亿美元。从 2009 年开始，中国的可再生能源投资一直处于世界首位，几乎占据了全球可再生能源总投资的半壁江山，长期的高投资带动了可再生能源的井喷式发展。2004～2016 年，中国的可再生能源发电量从 3538.2 亿千瓦时增长到 15173 亿千瓦时，年增长率高达 1.9%。

截至 2016 年，中国可再生能源的累计发电装机容量占全国总发电装机容量的比例上升到 32.7%，可再生能源的发电量占全国总发电量的比例超过 20%，并且这一比例还在持续增长，充分体现了中国可再生能源市场的广阔前景和增长潜力。长期以来，可再生能源的发展一直受限于高昂的发电成本，可再生能源的开发利用规模十分有限，所以可再生能源的发展不得不依赖于长期的高昂投资。随着可再生能源技术的日渐成熟，可再生能源的发电成本逐渐降低，越来越有市场竞争力，尤其是风电和水电，已经能够将发电成本降低到市场电力价格的平均水平之下。

然而，考虑到中国庞大的经济体量和能源消费规模，尽管中国目前已成为世界第一大可再生能源生产国，但是可再生能源在中国能源结构中所占的比例依然十分有限，在总发电量中的比例目前才到20%左右，而在一次能源供应总量中所占的比例才刚刚突破10%，这其中还有很大一部分是由大中型水电站所贡献的。而在国际社会上，大中型水电并不属于可再生能源的范畴[①]，如果根据这一定义，可再生能源在中国一次能源供应中的比重将会大幅缩水。

进一步分析可以发现，中国在可再生能源开发利用的能源绩效方面并不算差，至少在这13个国家中能够处于中游水平。如果仅仅考察中国可再生能源的建设和生产的绝对值，中国已经连续多年排名世界第一位，而且远远高于处于第二位的国家。但是考虑到中国庞大的能源消费规模，中国在可再生能源建设和生产规模上的绝对优势就被大大削弱了。因此，在相对水平的能源绩效方面，中国能够与多数发达国家相提并论，在世界范围内也是具有相当大的优势。在经济绩效方面，从评价的结果来看，中国一直保持着对可再生能源领域的高投资，而且投资额增长幅度非常明显，但同期，中国的国内生产总值也一直保持着世界领先的增长速度，所以在可再生能源投资比例方面，中国在投资总量上所占据的优势同可再生能源建设和生产规模一样，被庞大的经济总量削弱了，可再生能源占国内生产总值的比例只能保持在中等水平。从可再生能源的生产成本上来讲，中国的可再生能源生产成本并不算低，尤其是与发达国家相比并不具备优势，这主要是由技术上的差距和落后的基础设施所造成的。虽然可再生能源建设规模增长迅速，但真正能够形成生产能力的非常有限，弃风、弃水、弃光现象严重，因而最终生产出的电量并没有与可再生能源建设规模保持同步增长，实际增长水平并不高。因此，

① OECD：Linking renewable energy to rural development. 2012.

中国可再生能源开发利用的经济绩效也并不是特别理想。从相对意义上来讲，中国可再生能源开发利用的能源绩效与经济绩效并不像人们想象中的那样处于世界领先地位。

可再生能源产业属于技术密集型产业，一个国家的可再生能源开发利用水平与其科技实力是分不开的。在这一方面，发达国家要比发展中国家拥有更多的优势。长期以来，发达国家在科研投入上一直走在世界前列，研究与开发经费占 GDP 的比例常年保持在 1.5% ~3.5% 之间，科研人员占全社会从业人员的比例也一直保持在 5‰以上，已经积累了雄厚的科研实力。相比之下，中国的科研基础薄弱，只能奋起直追，直到 2009 年科研支出占 GDP 的比例才刚刚突破 1.5%，到 2013 年这一数字才突破 2%，科研人员在总人口中的比重也从 2003 年的 0.7‰上升至 2016 年的 1.2‰。正是在这样的高投入追赶之下，中国的科技实力才出现井喷式增长，在可再生能源领域的技术实力增长也较为明显。根据国际可再生能源机构的数据，中国每年的可再生能源相关专利申请数量已经从 21 世纪之初的千余件增长到现在的近 20000 件，一跃成为可再生能源技术大国，即便是人均可再生能源专利数量拥有量也基本上能够与欧洲发达国家持平。

但是与美国、日本、德国等发达国家相比，在研发实力上差距还是比较明显，尤其是将科研成果转化为生产力方面还十分欠缺，很多科研成果无法在生产实践中进行大规模应用和推广，未能将科研优势转化为经济优势，从而使中国的科技实力大打折扣。因此，中国可再生能源开发利用的技术绩效虽然取得了长足的进步，但在国际社会上并没有占据优势，与中国的能源大国和经济大国地位并不相称。

为了发展可再生能源，中国政府于 2005 年制订了《可再生能源法》，为发展可再生能源指明了方向。为了进一步促进可再生能源的发展，政府还设定了可再生能源的发展目标，颁布了一系列行政和监管政策，并对可再生能源产业实行鼓励性的财政和税收政策。不仅如此，可再生能源的发展也促进了社会的进步，解决了一系列的社会问题。仅 2018 年，可再生能源产业在全球就直接创造了 883 万个就业岗位，其中，中国就提供了 388 万个就业岗位，为解决社会的就业问题提供了巨大的帮助。随着可再生能源的开发与推广，可再生能源的好处为越来越多的人所熟知，越来越受到人们的青睐，可再生能源的发展极大地方便了人们的日常生活。最为明显的一个例子就是太阳能热水器。截至 2018 年底，全球太阳能供热容量达到 480 吉瓦，相比 2004 年的 77 吉瓦增长了 5 倍多。其中，中国占据了全球 87% 的太阳能供热市场，并占据了全球 70% 的太阳能供热装机容量。

数据同时显示，中国在可再生能源开发利用的社会绩效方面具有一定的优势。中国对可再生能源的政策支持无疑是巨大的，尤其是《可再生能源法》颁布实施之后，各种支持可再生能源和清洁能源的政策法令纷纷出台，政府在支持可再生能源发展方面已经走在了世界前列。在促进就业方面，中国的可再生能源产业更是创造了世界上最多的可再生能源就业岗位。而且可再生能源产业的发展也极大地方便了人们的生活，让人们对可再生能源的接受程度也越来越高，对社会的发展起到了极大的促进作用。作为刺激和调节可再生能源产业发展的工具，能源与环境政策税收虽然在国民经济中所占的比重并不高，但是这并没有影响到可再生能源产业的发展态势。所以，从整体上来讲，中国可再生能源开发利用的社会绩效还是比较好的。

发展可再生能源的目的除了增加能源供应之外，另一个主要的目的就是改善环境质量。近年来，随着经济的不断发展，由快速增长的能源消费引发的环境污染问题日益严重，环境问题逐渐引起人们的重视，政府也不得不将治理环境问题作为日常工作的重点之一，主要表现在两个方面：第一，环境治理与保护经费迅速增加，环保经费支出规模在 13 年间从 1900 亿元增加到 9500 亿元，虽然环保支出占国内生产总值的比例与发达国家相比还有较大差距，但是已经凸显了政府对环境问题的重视。第二，环境保护科技水平也有了很大的进步，在环境保护技术专利申请方面已经能够赶上发达国家。然而，从环境质量方面来讲，中国的整体环境质量仍然在持续恶化，二氧化碳、硫氧化物和氮氧化物的排放强度虽然保持持续下降，但总体排放量仍然居高不下，尤其是各种可吸入颗粒物，包括 PM2.5 和 PM10，已经成为当前影响中国城市环境质量的罪魁祸首。

总体而言，虽然中国在环境保护和治理方面做了大量的工作，可再生能源的大规模开发利用在一定程度上也延缓了环境质量持续恶化的势头。但是由于经济增长速度过快，能源消费量快速增长，尤其是化石能源的大量使用，所以整体环境质量仍然比较恶劣，跟发达国家的环境绩效相比依然有着巨大的差距。因此，通过发展可再生能源来改善中国的环境质量仍然还有很长的一段路要走。

5.6　本章小结

本章在确定了研究对象和收集了相关指标数据之后，使用 AGA-EAHP-EM-TOPSIS-PROMETHEE 模型，对包括中国在内的 13 个国家 2004 ~ 2016 年的可再生能源开发利用绩效进行了评价，并进行了横向的比较分析和纵向的趋势分析。分析结果表明，巴西、加拿大和德国的可再生能源开发利用绩效是最好的，中国的可再生能源开发利用绩效在所有研究对象中处于中游水平，其他发达国家在可再生能源开发利用绩效方面也表现不错，南非的可再生能源开发利用绩效在所有国家中最差；从纵向的趋势分析来看，除个别国家外，大多数国家的可再生能源开发利用绩效都呈现出不同程度的上升趋势。

第6章

中国可再生能源产业发展的影响因素分析

通过使用SWOT分析工具，对影响中国可再生能源产业发展的优势因素、劣势因素、机会因素和威胁因素进行了整理和归纳。然后借助于Fuzzy DEMATEL模型，本书理清了这些要素之间的因果关系，并识别出各个要素对于中国可再生能源产业发展的重要性。

6.1 影响因素的识别

可再生能源的开发利用绩效与整个可再生能源产业的发展息息相关，可再生能源产业的健康发展对可再生能源开发利用绩效的提升具有不可替代的作用。通过第5章的分析表明，中国的可再生能源开发利用绩效并不是很理想，说明中国可再生能源产业的发展与其他国家相比依然存在不小的差距。因此，有必要对影响中国可再生能源产业发展的因素进行分析，识别其中的关键性要素，从而寻找相应的强化对策，推动中国可再生能源产业的进一步发展，进而提升中国可再生能源的开发利用绩效。

SWOT分析模型原本是用于对某个独立的企业进行内外部环境分析，后来也有学者进一步拓展其研究，用SWOT分析模型来分析一个具体的行业所面临的内外部环境（Dai et al.，2016；He et al.，2016）。为了识别出可再生能源产业发展的影响因素，本书在现有研究的基础上，借助于SWOT分析工具，通过分析中国可再生能源产业所面临的优势、劣势、机会与威胁，来识别影响中国可再生能源产业发展的内部和外部因素。

需要说明的是，由于优势和劣势要素是组织或者产业内部所面临的因素，因而中国可再生能源产业的优势和劣势要素主要是指中国的可再生能源产业本身所具有的优势或者劣势，而中国可再生能源产业的机遇和威胁要素主要是指国内外相关行业为中国可再生能源产业的发展带来的机遇或者威胁。因此，本章中国可再生能源产业发展SWOT分析的各个要素主要是根据前面所构建的可再生能源开发利用绩效评价指标体系来进行分析和归纳。在此基础上，以小组讨论的形式对指标体系中未涉及的影响因素进行进一步的补充和讨论。

6.1.1　优势要素

优势是组织或者行业内部所拥有的相比于其他组织或者行业更加优越和突出的因素。对于中国的可再生能源产业而言，丰富的可再生能源资源是其最大的优势，经过这么多年的发展，中国在发展可再生能源方面已经投入了大量的资金，在可再生能源技术上也取得了巨大的进步，在多个方面都建立了一定的优势，为未来可再生能源的进一步发展积累了丰富的经验。总体而言，中国可再生能源产业发展的优势主要体现在以下几个方面。

6.1.1.1　可再生能源资源丰富

领土幅员辽阔，气候多种多样，位置临海靠陆，地势西高东低，如此优越的自然条件为中国提供了极为丰富的可再生能源资源。当前，在中国开发规模较大的可再生能源主要包括风能、太阳能、水能和生物质能。其中，内蒙古、新疆、宁夏、甘肃、青海等省区在风能和太阳能资源方面都具有巨大的优势，在西南地区，尤其是四川、云南、贵州等地区，水能资源蕴藏十分丰富，为集中开发提供了天然的优势，而广阔的青藏高原上还有着可观的太阳能资源和地热资源。东北地区是中国的主要粮食种植区之一，大量的农作物秸秆为生产生物质能源提供了丰富的原料。而黄河流域、长江流域及华南地区，同样也是中国的主要农作物种植区，为生物质能的生产提供了条件。与此同时，这一地区还有着比较丰富的光照资源，为太阳能的开发利用提供了便利。此外，东部和南部沿海有着曲折而漫长的海岸线，每年的季风使得发展海上风能和潮汐能成为可能。

6.1.1.2　清洁性、低碳性与低环境干扰性

与传统化石能源相比，可再生能源的主要特点是清洁性、低碳性与永续利用性，尤其是风能、太阳能、水能和潮汐能，是以自然形式存在的，且可以永续利用和开发的能源形式。而且，可再生能源的清洁性不仅体现在能源本身的清洁性与无污染性，还表现在能源开发利用过程中。传统化石能源的开采与加工会占用并破坏大量的土地资源及植被，而且会造成严重的空气污染及水污染。与此相比，可再生能源的生产和利用对环境的干扰性则低很多，尤其是风能、太阳能和潮汐能的开发，虽然会占用一定的土地资源，但并不会对土地资源带来破坏性的和不可逆的影响。

唯一可能遭受诟病的则是水能资源的开发，尤其是大中型水电站和水利工程的建设，会对当地的土地资源和生物资源带来毁灭性的影响，甚至可能对局部的地质环境和气候形成一定的影响。此外，基于农作物秸秆和废料生产的生物质能，包括生物柴油、酒精、沼气、氢能源及其他形式的生物质能源，并非完全清洁的，在这些燃料的生产和燃烧过程中也会产生二氧化碳等温室气体，但是与传统化石能源相比，由于在原料来源和生产过程上的清洁性，生物质能在清洁性、低碳性和环境影响方面仍然具有很大的优势。

从整体效果上来讲，相比于其他能源形式，可再生能源在清洁性、低碳性和环境影响方面具有无可比拟的优势。而且，可再生能源的能源来源形式多种多样，并且具有永续利用性，取之不尽，用之不竭，从长远的视角来看，

是化石能源最为理想的替代能源。

6.1.1.3 可再生能源生产技术比较成熟

在过去的十多年间，中国一直保持着对可再生能源领域的高投资，在可再生能源技术研发、设备制造、应用推广和项目施工等方面也有了巨大的进步，甚至已经走在了世界的前列。《自然》杂志专门撰文指出，中国在风力涡轮机、太阳光电的动力系统和智能电网技术的生产和使用领域领先于全世界，其生产的水能、风能、太阳能相当于法国和德国发电厂产能的总和（段歆涔，2014）。目前，中国光伏电池的实验转化率已经达到了23.5%，量产转化率也已经达到20.13%，多晶硅组件功率能够达到330瓦，与世界领先水平齐平（Malik et al.，2014）。可再生能源技术的创新与国际竞争力的增强使可再生能源的应用成本持续下降，从而实现可再生能源的“良性循环”发展。

随着技术水平的不断进步，可再生能源技术的应用领域和范围也在持续扩展。目前，除了传统的发电领域，一些可再生能源设备生产商也开始将目光放到其他领域，如建设太阳能光伏屋顶、太阳能车顶等[①]。除了应用领域的扩展外，国内的可再生能源企业还积极“走出去”，依靠自身过硬的可再生能源技术和装备，在国外建立可再生能源发电项目，完善周边国家的电力设施和电力系统，促进当地经济的发展。在东南亚、南亚地区，很多国家都存在电力供应不足的问题，其中，印度、柬埔寨、缅甸等国家由于电网建设落后，大片地区为无电区。目前，晶科、晶澳、天合光能等光伏企业在印度、马来西亚、泰国等国家已经设厂，在当地建立可再生能源发电项目，成为中国可再生能源技术和设备“走出去”的典范。

6.1.1.4 可再生能源市场增长迅速

21世纪以来，中国的可再生能源发电装机规模增长迅速，可再生能源的装机容量从2000年的0.8亿千瓦增长到2015年的4.8亿千瓦。2015年，全球新增可再生能源产能153兆瓦，风能在其中的占比为66%，中国在其中贡

① 国家石油和化工网．中国可再生能源发展走在世界前列．2014-7-4. http://www.cpcia.org.cn/html/13/20167/155773.html.

献了一半的份额（陈博，2016）。可再生能源市场快速扩张的背后是政策的大力支持和技术的日趋成熟，可再生能源市场的快速增长为可再生能源产业的进一步发展增强了信心。根据国际能源署的报告，2015 年，中国的可再生能源市场的增长潜力世界领先，在未来五年内，中国可再生资源有望实现 60% 的增长规模[①]。市场规模的不断扩大为可再生能源生产规模的扩张提供了条件，由于市场规模效应，市场规模越大，生产成本越低，将促进可再生能源产业的进一步发展。

6.1.1.5 可再生能源设备制造业快速发展

1976 年，中国仅有两家生产太阳能电池的小企业，且生产规模极小，市场价格却奇高。直到 1986 年，中国才从丹麦引进了第一台 55 千瓦的风电机组并网发电，两年后又从国外引进了 6 条太阳能电池生产线，各地出现了一批太阳能电池生产厂家。这一轮可再生能源设备的引进和扩张掀起了新能源设备生产的一个小高峰，但却一直处于引进和模仿阶段，没有属于自己的技术和知识产权[②]。

直到 2004 年，风电特许权项目和“光明工程”的推出使新能源产品市场迅速扩大，而且首部《可再生能源法》也在酝酿之中并于次年公布。自此之后，可再生能源产业迅速发展，可再生能源装备生产企业不断加大技术研发和产品创新力度。2005 年以来，中国太阳能电池的生产已经扩大了 100 倍。从 2006 年开始，中国的太阳能光伏产品产量连续七年位居世界第一，太阳能光伏产品的国际市场占有率在 2011 年曾一度高达 60%，国内生产的风机部件中近 90% 的产品出口到海外市场（Meral & Dinçer，2011）。未来，随着全球可再生能源市场规模的不断扩大，中国的可再生能源设备制造业将进一步扩张，产品成本也将进一步降低，直接为未来可再生能源产业的发展提供了便利。

---

① 国际能源署．中国可再生资源将在未来 5 年里实现 60% 的增长．2016 - 11 - 9. http：//www.in-en.com/article/html/energy - 2257718.shtml.

② 中国行业研究网．我国新能源设备制造业呈现跨越式发展．2014 - 2 - 14. http：//www.chinairn.com/news/20140214/112730506.html.

6.1.2 劣势要素

6.1.2.1 可再生能源建设与发电成本依然昂贵

近些年来，随着可再生能源技术的日趋成熟与可再生能源市场的不断扩大，可再生能源的建设与发电成本一直呈下降趋势。从2009年开始，太阳能光伏电池组和风力涡轮机价格分别下降大约80%和30%～40%，而且每当总装机容量增长一倍，太阳能光伏电池组的发电成本就会降低20%，风力发电成本则会降低12%（邓雅蔓，2016），由于学习曲线的存在，在未来一段时期内，风力发电成本还有进一步下降的空间（田立新等，2013）。但与传统的化石能源相比，可再生能源的建设与发电成本依旧显得比较昂贵。根据彭博新能源财经发布的全球、各地区以及不同国家的各种发电技术发电成本半年度报告，2015年，由于国际天然气价格的上涨和天然气发电厂容量系数的降低，天然气的发电成本上涨至100美元/兆瓦时（陈博，2016）。与此相反，由于设备成本的进一步下降和容量系数的提高，中国的光伏发电成本已经基本上降至与天然气发电成本相同的水平。但是煤炭依然是所有能源中发电成本最低的，而且中国的煤炭发电成本在世界上也是处于最低的水平，还不到40美元/兆瓦时①。虽然在未来15～25年的时间里，各种可再生能源技术的发电成本在现有基础上还有25%～60%的下降空间（邓雅蔓，2016），但可再生能源目前并不具备成本优势，成本因素依然是限制当前可再生能源进一步发展的重要因素。

6.1.2.2 受自然条件影响，能源供应间歇性和季节性的不稳定

由于可再生能源来源于自然，必然会受到地形、气候和季节等自然因素和条件的影响，可再生能源在供应方面会呈现出比较明显的间歇性和季节性的特点。如果将可再生能源作为能源互联网的主要能源供给，可再生能源的这种间歇性和季节性会对电网造成冲击，从而对电力系统供电的稳定性、经济性和效率产生极大的影响。电网是否能够承受这样的冲击，是可再生能源

① 2015上半年亚太地区度电成本报告：中国成为可再生能源与化石燃料竞争的主战场．2015-4-2.

并网连接之前必须解决的问题。在传统的电力系统中，电力的需求侧会呈现出一定波动性，而供应侧保持着相对的稳定性。如果可再生能源在电力系统中的比重过大，势必会影响到电力供给的稳定性和安全性，从而导致整个电力系统的不稳定，加大电网的负担，难以保证稳定的和安全的电力供给。

6.1.2.3 关键与核心技术缺乏

“十一五”期间，中国的可再生能源产业在技术上取得了一系列重大的突破，可再生能源设备主要部件技术含量不断提高，可再生能源装备制造业有了突飞猛进的发展。然而，可再生能源产业技术和装备仍然缺乏核心竞争力，在关键技术上与发达国家还有较大差距，导致国内产能过剩的同时仍然需要大量进口国外设备（刘莉，2013）。

此外，还有一系列的技术瓶颈有待解决。当前，可再生能源装备在技术上的进步主要依靠国家和政府资助的项目来支撑，企业并没有在技术研发活动中扮演主体角色。例如，由上海东海风力发电有限公司投资，华锐、武桥重工、中交第三航务工程局及其他公司提供设备和服务的上海东海大桥海上风电场，政府在其中扮演了重要角色。虽然东海大桥风电公司在一些技术上已经达到了国际领先水平，但与风电大国相比，中国仍然缺乏核心制造技术与设备。尽管中国已经开始研发更大功率的风力涡轮，但是在很多核心技术上，如控制系统、轴承等发电机组核心部件仍然依赖进口。而出于保护技术安全的考虑，中国企业很难获得国外的关键与核心技术（郭越和王占坤，2011）。

6.1.2.4 弃风、弃光、弃水现象严重

近年来，随着全国范围内发电装机容量迅速增长，电力供应紧张的局面有所缓解，伴随而来的便是发电设备平均利用小时数的降低。在这种情况下，由于可再生能源的高成本和电网系统的不足，可再生能源弃风、弃光、弃水的现象在行业和社会上引起广泛热议。

2014 年，全国范围内弃风、弃光、弃水导致了超过 300 亿千瓦时电力损失，其中，仅四川、云南两省因弃水损失电量已超过 200 亿千瓦时，全国累计弃风损失电量高达 126 亿千瓦时，这还没有考虑当前全国风电年均利用小

时数同比减少160小时（余水工，2016）。2015年，弃风现象再度引起人们的关注，全年弃风率飙升至15%，其中，最为严重的甘肃、新疆、吉林三省，弃风率均超过30%，甘肃甚至接近39%（马芸菲，2016）。与丹麦、英国等风电强国相比，中国弃风比例远远超出典型国家3%以下的弃风限电率。在光伏发电方面，由于光伏发电才形成规模，2014年，全国范围内弃光现象并不是特别严重，但个别地区的弃光现象仍然存在，局部地区的弃光率依然超过20%（余水工，2016）。2015年，弃光现象开始蔓延，尤其是西北部分地区，弃光现象严重，其中，甘肃全年弃光率达31%，新疆全年弃光率达26%（马芸菲，2016）。2016年，全国弃水、弃风、弃光电量共计近1100亿千瓦时，超过当年三峡电站发电量约170亿千瓦时（姚金楠，2017），弃风、弃光率分别为17.2%和10.3%。弃风、弃水、弃光现象不仅造成了资源的大量浪费，更引发了人们对发展可再生能源的质疑，打击了公众对可再生能源的信心。

从2017年开始，在政府的大力整治下，弃风限电的现象有所好转，当年弃风率和弃光率分别下降至12%和6%，较2016年分别下降了5.2%和4.3%（丁怡婷，2018）。

6.1.2.5　设备和装机产能过剩

近年来，由于国家政策的支持和可再生能源技术的进步，可再生能源产业出现了井喷式的发展。这种发展体现在两个方面：一是可再生能源装备制造业生产规模迅速扩大，中国生产的风机部件有90%是出口到国外市场，国际市场50%以上的太阳能光伏产品来自中国生产商[①]。二是中国自身的可再生能源装机规模增长迅猛，每年全球有超过一半的新增可再生能源装机容量来自中国市场，体现了国内可再生能源市场的火爆（陈博，2016）。

然而，可再生能源产业增长过快，远远超过了市场吸纳能力，导致可再生能源产业的产能过剩。同样地，这种产能过剩也体现在两个方面：一是可再生能源装备制造产业大而不强。虽然中国可再生能源装备制造产业规模较大，但由于缺乏明确的行业准入标准和技术规范要求，可再生能源装备制造

---

① 中国行业研究网．我国新能源设备制造业呈现跨越式发展．2014-2-14. http://www.chinairn.com/news/20140214/112730506.html.

业产能盲目扩张、生产规模过大造成产能过剩，而且由于缺乏核心技术，低价同质化竞争激烈，影响产业健康发展（刘莉，2013）。二是由于可再生能源装机容量规模增长过快，而电网吸纳能力有限，再加上可再生能源上网电价比化石能源高出不少，以及跨省、跨地区电力输送困难，导致可再生能源发电项目产能过剩，部分地区弃风、弃水、弃光现象严重（余水工，2016）。

6.1.2.6 缺乏商业化运作机制

当前，中国可再生能源产业的井喷式发展是在政府的高额补贴政策的刺激下实现的，企业对可再生能源领域进行投资，在很大程度上是受政府的政策所驱使，一旦政府的补贴政策退出市场，可再生能源企业，尤其是可再生能源发电企业的生存将变得步履维艰。虽然为了鼓励投资可再生能源行业，对可再生能源企业进行补贴是国际通行的做法，但是一般情况下这种补贴是不断减少的，最终还是要退出市场的。

目前，许多欧洲国家已经开始减少甚至停止对可再生能源进行补贴，然而，中国所面临的可再生能源补贴缺口却越来越大，可再生能源企业的独立生存能力饱受质疑。可再生能源产业的投资运作缺乏创新的技术和商业模式，给后续可再生能源产业大规模的发展带来了隐患。

6.1.3 机会要素

6.1.3.1 能源需求快速增长

伴随着中国经济的飞速发展和人民生活水平的日益提高，中国对能源的需求量越来越高，国内的能源供应压力越来越大。与此同时，能源进口依存度不断攀升，石油对外依存度目前已超过70%，天然气进口依存度也已经达到35%。在这种情况下，分布广泛、易于开发的可再生能源就成为解决中国能源困境的最佳选择，从客观上为中国可再生能源的发展提供了绝佳的机会。

目前，非化石能源占中国一次能源供应的比重并不高，还不到15%的份额，而且水电和核电在其中占据了主要部分。所以，从这一层面上来讲，可再生能源在中国还有很大的发展空间。在可再生能源的技术不断进步和成本不断降低的趋势下，可再生能源的发展能够极大地缓解国内的能源供应压力，改善当前糟糕的城市雾霾状况，保障国家的能源安全。

6.1.3.2 国际碳减排的压力

伴随着各种极端天气和气象灾害在全球范围内的频频出现，全球变暖成为国际社会和各国政界所热议的一大议题，节能减排成为世界各国的共识。在这样的背景下，各国政府围绕彼此应该承担的碳减排义务进行气候谈判，尽管争吵声不断，中国政府还是作出了自己的承诺。2009年哥本哈根气候峰会之后，中国政府承诺：到2020年，中国单位GDP二氧化碳排放比2005年下降40%～45%，非化石能源占一次能源消费的比重达15%左右。2015年巴黎气候峰会之后，中国政府再次作出承诺，于2030年左右使二氧化碳排放达到峰值并争取尽早实现，2030年单位国内生产总值二氧化碳排放比2005年下降60%～65%，非化石能源占一次能源消费比重达到20%左右。

无论是主动还是被动，这些承诺的实现都离不开可再生能源的发展，只有大力发展可再生能源，这些承诺才有兑现的可能，从而客观上为可再生能源产业在中国的发展提供了重大的机遇。

6.1.3.3 政策的大力支持

对了缓解能源供应压力、兑现减排承诺、改善环境质量、保障能源安全，政府将发展可再生能源视为最为理想的解决方案。从2005年《可再生能源法》颁布算起，每年政府都会有一系列的关于发展可再生能源的指导方案向社会发布，并出台一系列的鼓励和刺激性政策。

为了刺激可再生能源的发展，中国政府主要从五个方面采取相关鼓励性政策：第一，从政策上加以积极引导，主要是价格政策。政府鼓励使用风能和太阳能，成本高出常规能源的部分由国家和政府予以补贴，这就是价格补贴政策。第二，采取财政和税收的优惠政策，包括建立专项基金给予补助，也包括减免税收。第三，培育市场。市场是十分关键的，积极引导市场的走向，也包括对市场份额的强制和对市场环境的改善。比如，建筑商、房地产开发商要逐步在房地产开发中，安装一些利用太阳能的构件等。

第四，加强可再生能源开发的能力建设，主要是针对可再生能源技术和装备的科研投入、教育投入以及人才培养。第五，加强对可再生能源的意义和利用方法、途径的宣传，提高全社会公民对可再生能源的认识，提高全民参与的程度。

6.1.4 威胁要素

6.1.4.1 国际可再生能源生产和投资商的竞争

在欧美国家，可再生能源已经经历了几十年的发展，形成了一批规模巨大、具有国际竞争力的可再生能源企业。2015 年，全球排名前十的可再生能源企业中，有 9 家都是来自美国、欧洲和日本，还有 1 家是来自巴西（郭露，2016）。反观国内，虽然可再生能源企业众多，但是在规模上都比较小，无法与欧美等国家的可再生能源企业进行竞争。而且，国外的可再生能源企业巨头在技术和资本上都具有更强的优势，在与国际可再生能源巨头的竞争中，中国的可再生能源企业并不具备优势。

6.1.4.2 可再生能源发电并网困难

中国面临着严重的弃风、弃光和弃水等现象，一方面，是因为可再生能源发电项目发展过快，中国的风能和太阳能发电项目是按照装机规模进行分级审批的，5 万千瓦以上的项目须由国家能源局审批，而 5 万千瓦以下的项目则由地方政府来审批，各地为了多上项目，出现了许多 4.99 万千瓦的小型项目，导致产能过剩和资源的浪费。另一方面，则是因为电网消纳能力有限，可再生能源电力的生产地与电力消费地距离遥远，跨省输电导致输电成本增加，电网调峰能力不足，进一步影响了可再生能源的发电并网。

此外，中国现行的电力价格机制和补贴机制仍然存在缺陷。当前，中国执行的可再生能源补贴主要是在发电环节，而在输电和配电环节并没有补贴，而且不同省区电价不一样，东部省区电价高于中西部，东部地区的可再生能源发电补贴也高于西部，而东部地区是电力的主要消费区，因此，东部地区的可再生能源发电设备利用率要明显高于西部，而西部地区的可再生能源电力却无法上网（范必，2015）。

6.1.4.3　天然气、核电等其他清洁能源的竞争

当前，中国的能源消费结构是由煤炭和石油主导的，天然气和其他非化石能源所占的比重还不到20%。同样是作为清洁能源，天然气和核能近些年来在中国的发展更为迅速，在能源消费结构中的比重增加得更快。尤其是天然气，消费量从2005年的467.6亿立方米增长到2014年的1868.9亿立方米。虽然2011年的福岛核电站核泄漏事故在一段时期内再度引发人们对核电站的担忧，导致中国的核电站项目审批和建设一度处于停滞状态。但这一事件过去两年之后，一大批核电站再度通过了国家的审批，先后开工并运营。当前共有30台核电机组在运行中，在运行机组数量排名世界第四，在建机组24台，是世界上在建机组数量最多的国家（尹深和仝宗莉，2016）。而且从技术水平上来讲，中国的核电技术与世界核电大国的技术发展是同步的，而且已经走出国门，在世界上得到了认可。

与天然气和核电的规模相比，以水能、风能、太阳能和生物质能为主体的可再生能源在中国能源结构中的比重还比较小，而且天然气和核电在技术、成本和稳定性上都比可再生能源拥有更大的优势。所以可再生能源在中国的发展必然会受到天然气和核能的竞争压力。

6.1.4.4　国际贸易壁垒和反倾销调查

随着中国制造业规模的持续增长和技术的不断进步，可再生能源设备的成本大幅下降（Lozanova，2008）。然而，由于盲目的投资，在低端可再生能源设备生产方面产能过剩，导致无序的市场竞争，进一步压缩了产品利润。在国际市场上，由于产品价格过低，中国的产品在国际市场上不断遭遇反倾销和反补贴调查。2011年以来，中国生产的光伏产品和风电机组设备先后遭到美国、欧盟和印度的反倾销和反补贴调查[①][②]，不仅严重影响了中国可再生

① 新浪财经：美国对中国光伏产品征收反倾销税．新浪网，2014-12-18. http://finance.sina.com.cn/stock/usstock/c/20141218/082621106295.shtml.

② 商务部贸易救济调查局：印度对风力发电机组铸剑发起反倾销调查．中华人民共和国商务部．2016-2-15. http://www.mofcom.gov.cn/article/ztxx/gwyxx/201602/20160201255299.shtml.

能源产业的发展，也阻碍了可再生能源在国际上的推广和发展。

6.2 Fuzzy DEMATEL 模型

无论如何分析，SWOT 模型始终有其固有的缺陷，尤其是在确定优势、劣势、机会和威胁的时候没有一个确切和客观的评判标准，只能以人的主观判断为依据，因此在过程中具有比较强烈的主观性，很难得到具有共识性的结果。而且，如果对组织或者行业的边界区分不清的话，很容易混淆优势与机会，或者劣势与威胁（Fertel et al.，2013）。因此，在使用 SWOT 分析模型识别出影响可再生能源产业发展的相关因素后，为了分析各个要素彼此之间的相互关系及其对可再生能源产业发展的影响，本书将使用 Fuzzy DEMATEL 模型对各个影响因素之间的相互关系进行分析，判断各个因素对可再生能源产业发展的影响程度，从而为制定相应的应对措施提供依据。

6.2.1 DEMATEL 模型

DEMATEL 模型，全称为决策试验与评价实验室（decision making trial and evaluation laboratory），是丰特拉和加比斯（Fontela & Gabus）为了解决复杂、困难的科学、政治和经济问题，于 1971 年提出来的一种基于专家态度的分析方法，运用图论与矩阵进行系统要素分析的方法（Gabus & Fontela，1972；Gabus & Fontela，1973）。在实际应用中，DEMATEL 模型通过分析决策系统内各个要素之间的逻辑关系与直接影响关系，从而计算和确定要素之间的关系，进而确定决策系统中起主要作用的要素，并确定要素的重要性（Fontela & Gabus，1976；Warfield，1976）。

DEMATEL 模型的分析过程如下（Falatoonitoosi et al. 2014）。

（1）识别出一组针对某一问题的影响因素，然后分析要素两两之间的影响关系有无及强弱等级。

（2）根据要素之间的相互影响关系，建立直接影响矩阵。

（3）计算规范化直接影响矩阵。

（4）确定综合影响矩阵。

（5）计算要素影响度和被影响度。

（6）计算各个要素的中心度与原因度。

DEMATEL方法的理论基础是图论，这样就能够更清楚明白地展示要素之间的因果关系，这也是DEMATEL方法的主要优点之一（Huang et al.，2007）。通过将所有的要素划分为原因组和结果组，整个决策系统将会发生巨大的变化，其中，原因组的要素对整个系统及结果组的要素有着重大的影响。因此，通过改善原因组的要素，结果组的要素也会自动提高。

6.2.2 Fuzzy DEMATEL模型

在实际应用中，由于需要采用专家的意见来对要素之间的影响关系进行判断，而不同的专家意见可能未必一致，而且得到的影响关系并不一定正好隶属于某个确切的影响等级，可能介于两种影响关系等级之间。因此，有必要对这种影响关系的等级进行改进，而模糊理论正好可以解决这一问题。因此，学者们经常将模糊理论与DEMATEL模型进行集成，采用Fuzzy DEMATEL模型来解决相关问题，并在各个领域得到了广泛的运用（Hsu et al.，2007；Chou et al.，2012；Yeh & Huang，2014；Ren & Sovacool，2014；路晓崇等，2015）。

首先对模糊集理论进行一些介绍。在模糊集理论的应用中，通常都是用三角函数，所以这里定义 $\tilde{a}=(a^L, a^M, a^U)$ 为三角模糊数，$\tilde{a}$ 的隶属度函数为：

$$\mu_{\tilde{a}}(x)=\begin{cases}0 & x\leqslant a^L\\ \dfrac{x-a^L}{a^M-a^L} & a^L<x\leqslant a^M\\ \dfrac{x-a^U}{a^M-a^U} & a^M<x\leqslant a^U\\ 0 & x>a^U\end{cases} \tag{6-1}$$

两个模糊数之间的运算法则如式（6－2）至式（6－7）所示：

$$\tilde{a}+\tilde{b}=(a^L,a^M,a^U)+(b^L,b^M,b^U)=(a^L+b^L,a^M+b^M,a^U+b^U) \tag{6-2}$$

$$\tilde{a}-\tilde{b}=(a^L,a^M,a^U)-(b^L,b^M,b^U)=(a^L-b^L,a^M-b^M,a^U-b^U) \tag{6-3}$$

$$\tilde{a}\times\tilde{b}=(a^L,a^M,a^U)\times(b^L,b^M,b^U)=(a^L\times b^L,a^M\times b^M,a^U\times b^U) \tag{6-4}$$

$$\tilde{a}/\tilde{b}=(a^L,a^M,a^U)/(b^L,b^M,b^U)=(a^L/b^L,a^M/b^M,a^U/b^U) \tag{6-5}$$

$$k\tilde{a}=k(a^L,a^M,a^U)=(ka^L,ka^M,ka^U) \tag{6-6}$$

$$\tilde{a}^{-1}=(1/a^L,1/a^M,1/a^U) \tag{6-7}$$

其中，$\tilde{a}=(a^L,\ a^M,\ a^U)$，$\tilde{b}=(b^L,\ b^M,\ b^U)$，$k$，$a^L$，$a^M$，$a^U$，$b^L$，$b^M$，$b^U$ 均为实数。

在了解了模糊集理论的相关知识后，Fuzzy DEMATEL 模型的主要操作步骤如下所示（Ren & Sovacool，2014；路晓崇等，2015）。

第一步：按照表 6－1 描述的影响关系强度来对各个因素进行两两之间的直接影响关系判断，根据影响关系的有无及强弱等级进行打分，然后得到一个三角模糊直接影响矩阵 $\tilde{A}$，该矩阵是一个 n 维方阵。

$$\tilde{A}=\begin{bmatrix} 0 & \tilde{a}_{12} & \cdots & \tilde{a}_{1n} \\ \tilde{a}_{21} & 0 & \cdots & \tilde{a}_{2n} \\ \vdots & \vdots & \ddots & \vdots \\ \tilde{a}_{n1} & \tilde{a}_{n2} & \cdots & 0 \end{bmatrix} \tag{6-8}$$

其中，$\tilde{a}_{ij}=(a_{ij}^L,\ a_{ij}^M,\ a_{ij}^U)$，$i$，$j=1$，2，…，$n$。

表 6－1　　影响关系等级描述与三角模糊数

语言描述	三角模糊数	含义
无影响（N）	（0，0，0.25）	a 元素对 b 元素无影响
很小影响（VL）	（0，0.25，0.5）	a 元素对 b 元素影响很小
较小影响（L）	（0.25，0.5，0.75）	a 元素对 b 元素影响较小
较大影响（H）	（0.5，0.75，1）	a 元素对 b 元素影响较大
很大影响（VH）	（0，75，1，1）	a 元素对 b 元素影响很大

第二步：计算规范化模糊直接影响矩阵 $\tilde{D}$，如式（6－9）至式（6－11）所示：

$$\tilde{D} = [\tilde{d}_{ij}]_{n\times n} \tag{6-9}$$

$$\tilde{d}_{ij} = (d_{ij}^{L}, d_{ij}^{M}, d_{ij}^{U}) = \left(\frac{a_{ij}^{L}}{s}, \frac{a_{ij}^{M}}{s}, \frac{a_{ij}^{U}}{s}\right) \tag{6-10}$$

$$s = \max_{i=1,2,\cdots,n}\left(\sum_{j=1}^{n} a_{ij}^{U}\right) \tag{6-11}$$

在规范化模糊直接影响矩阵 $\tilde{D}$ 中，第 j 行元素之和表示元素 j 对其他元素的直接影响，其中，最大的各行元素之和表示对其他要素影响最大的元素。第 i 列元素之和表示元素 i 受到其他元素的直接影响，其中，最大的各列元素之和表示受其他要素影响最大的元素。

第三步：计算综合模糊影响矩阵 $\tilde{T}$，该矩阵反映了各个要素的直接和间接影响，如式（6－12）至式（6－19）所示：

$$\tilde{T} = [\tilde{t}_{ij}]_{n\times n} = \lim_{w\to\infty}(\tilde{D} + \tilde{D}^{2} + \cdots + \tilde{D}^{w}) \tag{6-12}$$

其中，

$$\tilde{t}_{ij} = (t_{ij}^{L}, t_{ij}^{M}, t_{ij}^{U}) \tag{6-13}$$

$$[t_{ij}^{L}]_{n\times n} = D^{L} \times (I - D^{L})^{-1} \tag{6-14}$$

$$D^{L} = \begin{bmatrix} 0 & d_{12}^{L} & \cdots & d_{1n}^{L} \\ d_{21}^{L} & 0 & \cdots & d_{2n}^{L} \\ \vdots & \vdots & \ddots & \vdots \\ d_{n1}^{L} & d_{n2}^{L} & \cdots & 0 \end{bmatrix} \tag{6-15}$$

$$[t_{ij}^{M}]_{n\times n} = D^{M} \times (I - D^{M})^{-1} \tag{6-16}$$

$$D^{M} = \begin{bmatrix} 0 & d_{12}^{M} & \cdots & d_{1n}^{M} \\ d_{21}^{M} & 0 & \cdots & d_{2n}^{M} \\ \vdots & \vdots & \ddots & \vdots \\ d_{n1}^{M} & d_{n2}^{M} & \cdots & 0 \end{bmatrix} \tag{6-17}$$

$$[t_{ij}^{U}]_{n\times n} = D^{U} \times (I - D^{U})^{-1} \tag{6-18}$$

$$D^U = \begin{bmatrix} 0 & d_{12}^U & \cdots & d_{1n}^U \\ d_{21}^U & 0 & \cdots & d_{2n}^U \\ \vdots & \vdots & \ddots & \vdots \\ d_{n1}^U & d_{n2}^U & \cdots & 0 \end{bmatrix} \quad (6-19)$$

第四步：计算各个要素的模糊影响度 $\tilde{R}_i$ 和模糊被影响度 $\tilde{C}_j$，如式（6-20）至式（6-21）所示：

$$\tilde{R}_i = \sum_{j=1}^{n} \tilde{t}_{ij} \quad (6-20)$$

$$\tilde{C}_j = \sum_{i=1}^{n} \tilde{t}_{ij} \quad (6-21)$$

第五步：计算各个要素的模糊中心度与模糊原因度。

当 $i=j$ 时，$\tilde{R}_i+\tilde{C}_i$ 是要素的中心度，表示第 i 个要素所施加的影响和受到的影响的总和，体现了要素 i 在整个决策系统中的重要程度。$\tilde{R}_i-\tilde{C}_i$ 是要素的原因度，表示的是第 i 个要素对决策系统的净效应，当该数值 >0 时，该要素被认为是原因要素，当该数值 <0 时，该要素被认为是结果要素。

第六步：将模糊数 $\tilde{R}_i+\tilde{C}_i$ 和 $\tilde{R}_i-\tilde{C}_i$ 按照式（6-22）进行去模糊化处理，得到数值化的中心度和原因度 R_i+C_i 和 R_i-C_i，以此用来表征第 i 个要素在决策系统中的重要程度。

$$N_{df} = \frac{\lambda a^L + a^M + (1-\lambda)a^U}{2} \quad (6-22)$$

其中，λ 为风险系数，当 $\lambda=0$ 时，表示决策者愿意接受任何风险，当 $\lambda=1$ 时，表示决策者不愿意接受任何风险。通常情况下 $\lambda=1/2$，即决策者持相对比较中立的态度。

通过 R_i-C_i 的值可以判断某个要素到底是属于原因组还是结果组。通常来讲，如果 $R_i-C_i>0$，则认为该要素属于原因要素，如果 $R_i-C_i<0$，则认为该要素为结果要素。

如果要素 i 是结果要素，那么 R_i+C_i 就代表这个指标的中心度，该指标的值越小，该指标的中心度越高，说明其他要素对该要素的影响就越小。相反，如果该指标越大，说明该元素的重要性越高，但却并不是决策系统的原因要素。如果要素 i 是原因要素，而且 $R_i + C_i$ 的值比较小，则表示该要素只能影响一小部分其他要素。如果 $R_i + C_i$ 的值比较大，则表明该要素是一个核心要素，在整个系统中应当更多被关注。

6.3　可再生能源产业发展影响因素分析

通过使用 SWOT 分析模型，本书归纳了影响可再生能源产业发展的优势、劣势、机遇和威胁因素，如图 6－1 所示。之后，本书将使用 Fuzzy DEMATEL 模型对各个要素的相互关系及要素的重要性进行了分析，从而识别出影响中国可再生能源产业发展的关键因素。

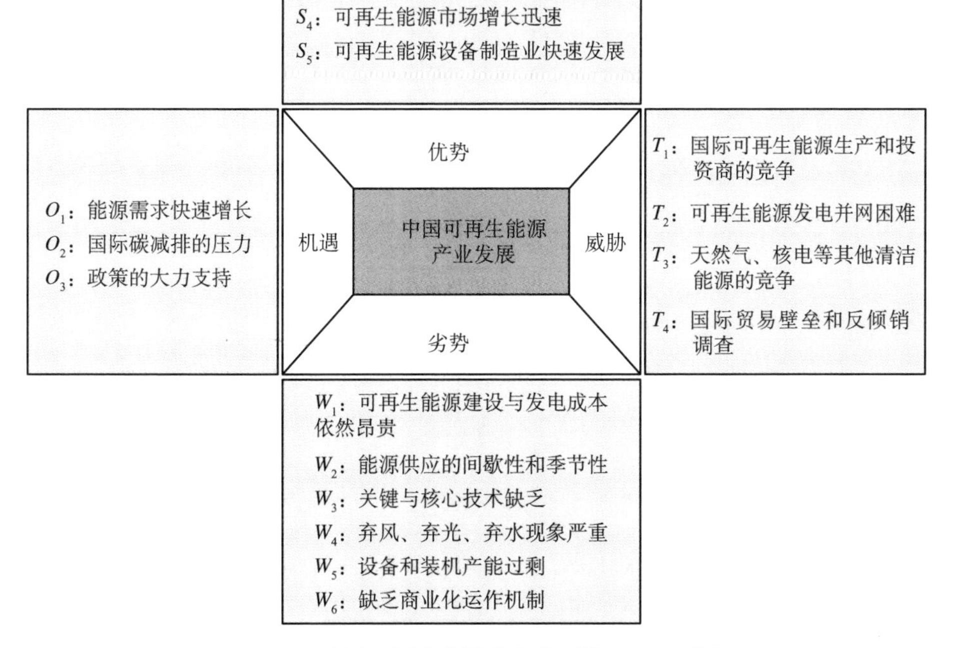

图 6－1　中国可再生能源产业发展的 SWOT 分析

按照表6－1所描述的影响关系等级，来对SWOT分析所总结出的18个要素进行两两之间直接影响关系的比较和判定。在本书的研究中，作者基于大量的文献资料，并通过咨询部分该领域专家的意见，然后再以团队讨论的方式，最终确定出中国可再生能源产业发展影响因素两两之间的直接影响关系，见表6－2。然后，根据表6－1中各个影响关系等级所对应的模糊数将直接影响关系转换为直接影响关系矩阵，见表6－3。

按照式（6－9）至式（6－11）对模糊直接影响矩阵进行标准化，然后按照式（6－12）至式（6－19），得到综合模糊影响矩阵，之后按照式（6－20）和式（6－21）计算各个要素的模糊影响度 $\tilde{R}_i$ 和模糊被影响度 $\tilde{C}_i$。在此基础上，计算模糊中心度和模糊原因度 $\tilde{R}_i+\tilde{C}_i$ 和 $\tilde{R}_i-\tilde{C}_i$，并按照式（6－22）进行去模糊化处理，得到数值化的中心度和原因度 R_i+C_i 和 R_i-C_i，最终结果见表6－4。

表6－2　中国可再生能源产业影响因素两两之间的直接影响关系矩阵

因素	S_1	S_2	S_3	S_4	S_5	W_1	W_2	W_3	W_4	W_5	W_6	O_1	O_2	O_3	T_1	T_2	T_3	T_4
S_1	N	N	N	H	VL	N	N	N	N	N	N	N	N	H	N	N	N	N
S_2	N	N	N	L	N	N	N	N	N	N	N	N	N	H	N	N	N	L
S_3	N	VL	N	VH	VH	N	N	N	VL	H	N	N	N	L	N	N	N	H
S_4	N	N	H	N	H	N	N	N	L	VH	N	N	N	N	VL	H	N	N
S_5	N	N	VL	VH	N	N	N	N	N	VH	N	N	N	VL	N	VL	N	L
W_1	N	N	L	N	N	N	N	N	N	N	VL	N	N	VL	H	VH	N	N
W_2	N	N	N	N	N	H	N	N	N	N	VL	N	N	N	N	H	N	N
W_3	N	N	N	N	N	H	H	N	L	N	N	N	N	N	VH	H	N	N
W_4	N	N	N	N	N	N	N	N	N	N	N	N	N	N	N	N	N	N
W_5	N	N	N	N	N	N	N	N	L	N	N	N	N	N	N	H	N	VH
W_6	N	N	N	N	N	H	L	VL	H	L	N	N	N	N	L	H	N	N
O_1	N	N	L	H	H	N	N	N	N	N	N	N	N	VH	N	N	L	N
O_2	N	N	N	H	N	N	N	N	N	N	N	N	N	H	N	N	L	N
O_3	N	N	VH	VH	VH	N	N	N	VL	L	N	N	N	N	N	N	N	N
T_1	N	N	L	VL	N	VL	N	N	N	H	L	N	N	N	N	N	N	N
T_2	N	N	N	N	N	N	N	N	N	N	N	N	N	N	N	N	VL	N
T_3	N	N	N	N	N	N	N	N	N	N	N	N	N	N	N	N	N	N
T_4	N	N	N	N	N	N	N	N	N	N	N	N	N	N	N	N	N	N

表 6－3　　中国可再生能源产业影响因素的模糊直接影响关系矩阵

因素	S_1	S_2	S_3	S_4	S_5	W_1	W_2	W_3	W_4
S_1	(0, 0, 0.25)	(0, 0, 0.25)	(0, 0, 0.25)	(0.5, 0.75, 1)	(0, 0.25, 0.5)	(0, 0, 0.25)	(0, 0, 0.25)	(0, 0, 0.25)	(0, 0, 0.25)
S_2	(0, 0, 0.25)	(0, 0, 0.25)	(0, 0, 0.25)	(0.25, 0.5, 0.75)	(0, 0, 0.25)	(0, 0, 0.25)	(0, 0, 0.25)	(0, 0, 0.25)	(0, 0, 0.25)
S_3	(0, 0, 0.25)	(0, 0.25, 0.5)	(0, 0, 0.25)	(0, 75, 1, 1)	(0, 75, 1, 1)	(0, 0, 0.25)	(0, 0, 0.25)	(0, 0, 0.25)	(0, 0.25, 0.5)
S_4	(0, 0, 0.25)	(0, 0, 0.25)	(0.5, 0.75, 1)	(0, 0, 0.25)	(0.5, 0.75, 1)	(0, 0, 0.25)	(0, 0, 0.25)	(0, 0, 0.25)	(0.25, 0.5, 0.75)
S_5	(0, 0, 0.25)	(0, 0, 0.25)	(0, 0.25, 0.5)	(0, 75, 1, 1)	(0, 0, 0.25)	(0, 0, 0.25)	(0, 0, 0.25)	(0, 0, 0.25)	(0, 0, 0.25)
W_1	(0, 0, 0.25)	(0, 0, 0.25)	(0.25, 0.5, 0.75)	(0, 0, 0.25)	(0, 0, 0.25)	(0, 0, 0.25)	(0, 0, 0.25)	(0, 0, 0.25)	(0, 0, 0.25)
W_2	(0, 0, 0.25)	(0, 0, 0.25)	(0, 0, 0.25)	(0, 0, 0.25)	(0, 0, 0.25)	(0.5, 0.75, 1)	(0, 0, 0.25)	(0, 0, 0.25)	(0, 0, 0.25)
W_3	(0, 0, 0.25)	(0, 0, 0.25)	(0, 0, 0.25)	(0, 0, 0.25)	(0, 0, 0.25)	(0.5, 0.75, 1)	(0.5, 0.75, 1)	(0, 0, 0.25)	(0.25, 0.5, 0.75)
W_4	(0, 0, 0.25)	(0, 0, 0.25)	(0, 0, 0.25)	(0, 0, 0.25)	(0, 0, 0.25)	(0, 0, 0.25)	(0, 0, 0.25)	(0, 0, 0.25)	(0, 0, 0.25)
W_5	(0, 0, 0.25)	(0, 0, 0.25)	(0, 0, 0.25)	(0, 0, 0.25)	(0, 0, 0.25)	(0, 0, 0.25)	(0, 0, 0.25)	(0, 0, 0.25)	(0.25, 0.5, 0.75)
W_6	(0, 0, 0.25)	(0, 0, 0.25)	(0, 0, 0.25)	(0, 0, 0.25)	(0, 0, 0.25)	(0.5, 0.75, 1)	(0.25, 0.5, 0.75)	(0, 0.25, 0.5)	(0.5, 0.75, 1)
O_1	(0, 0, 0.25)	(0, 0, 0.25)	(0.25, 0.5, 0.75)	(0.5, 0.75, 1)	(0.5, 0.75, 1)	(0, 0, 0.25)	(0, 0, 0.25)	(0, 0, 0.25)	(0, 0, 0.25)
O_2	(0, 0, 0.25)	(0, 0, 0.25)	(0, 0, 0.25)	(0.5, 0.75, 1)	(0, 0, 0.25)	(0, 0, 0.25)	(0, 0, 0.25)	(0, 0, 0.25)	(0, 0, 0.25)
O_3	(0, 0, 0.25)	(0, 0, 0.25)	(0, 75, 1, 1)	(0, 75, 1, 1)	(0, 75, 1, 1)	(0, 0, 0.25)	(0, 0, 0.25)	(0, 0, 0.25)	(0, 0.25, 0.5)
T_1	(0, 0, 0.25)	(0, 0, 0.25)	(0.25, 0.5, 0.75)	(0, 0.25, 0.5)	(0, 0, 0.25)	(0, 0.25, 0.5)	(0, 0, 0.25)	(0, 0, 0.25)	(0, 0, 0.25)
T_2	(0, 0, 0.25)	(0, 0, 0.25)	(0, 0, 0.25)	(0, 0, 0.25)	(0, 0, 0.25)	(0, 0, 0.25)	(0, 0, 0.25)	(0, 0, 0.25)	(0, 0, 0.25)
T_3	(0, 0, 0.25)	(0, 0, 0.25)	(0, 0, 0.25)	(0, 0, 0.25)	(0, 0, 0.25)	(0, 0, 0.25)	(0, 0, 0.25)	(0, 0, 0.25)	(0, 0, 0.25)
T_4	(0, 0, 0.25)	(0, 0, 0.25)	(0, 0, 0.25)	(0, 0, 0.25)	(0, 0, 0.25)	(0, 0, 0.25)	(0, 0, 0.25)	(0, 0, 0.25)	(0, 0, 0.25)

续表

因素	W_5	W_6	[illegible]	O_2	O_3	T_1	T_2	T_3	T_4
S_1	(0, 0, 0.25)	(0, 0, 0.25)	(0, 0, 0.25)	(0, 0, 0.25)	(0.5, 0.75, 1)	(0, 0, 0.25)	(0, 0, 0.25)	(0, 0, 0.25)	(0, 0, 0.25)
S_2	(0, 0, 0.25)	(0, 0, 0.25)	(0, 0 0.25)	(0, 0, 0.25)	(0.5, 0.75, 1)	(0, 0, 0.25)	(0, 0, 0.25)	(0, 0, 0.25)	(0.25, 0.5, 0.75)
S_3	(0.5, 0.75, 1)	(0, 0, 0.25)	(0, 0, 0.25)	(0, 0, 0.25)	(0.25, 0.5, 0.75)	(0, 0, 0.25)	(0, 0, 0.25)	(0, 0, 0.25)	(0.5, 0.75, 1)
S_4	(0, 75, 1, 1)	(0, 0, 0.25)	(0, 0, 0.25)	(0, 0, 0.25)	(0, 0, 0.25)	(0, 0.25, 0.5)	(0.5, 0.75, 1)	(0, 0, 0.25)	(0, 0, 0.25)
S_5	(0, 75, 1, 1)	(0, 0, 0.25)	(0, 0, 0.25)	(0, 0, 0.25)	(0, 0.25, 0.5)	(0, 0, 0.25)	(0, 0.25, 0.5)	(0, 0, 0.25)	(0, 0.25, 0.5)
W_1	(0, 0, 0.25)	(0, 0.25, 0.5)	(0, 0, 0.25)	(0, 0, 0.25)	(0, 0.25, 0.5)	(0.5, 0.75, 1)	(0, 75, 1, 1)	(0, 0, 0.25)	(0, 0, 0.25)
W_2	(0, 0, 0.25)	(0, 0.25, 0.5)	(0, 0, 0.25)	(0, 0, 0.25)	(0, 0, 0.25)	(0, 0, 0.25)	(0.5, 0.75, 1)	(0, 0, 0.25)	(0, 0, 0.25)
W_3	(0, 0, 0.25)	(0, 0, 0.25)	(0, 0, 0.25)	(0, 0, 0.25)	(0, 0, 0.25)	(0, 75, 1, 1)	(0.5, 0.75, 1)	(0, 0, 0.25)	(0, 0, 0.25)
W_4	(0, 0, 0.25)	(0, 0, 0.25)	(0, 0, 0.25)	(0, 0, 0.25)	(0, 0, 0.25)	(0, 0, 0.25)	(0, 0, 0.25)	(0, 0, 0.25)	(0, 0, 0.25)
W_5	(0, 0, 0.25)	(0, 0, 0.25)	(0, 0, 0.25)	(0, 0, 0.25)	(0, 0, 0.25)	(0, 0, 0.25)	(0.5, 0.75, 1)	(0, 0, 0.25)	(0, 75, 1, 1)
W_6	(0.25, 0.5, 0.75)	(0, 0, 0.25)	(0, 0, 0.25)	(0, 0, 0.25)	(0, 0, 0.25)	(0.25, 0.5, 0.75)	(0.5, 0.75, 1)	(0, 0, 0.25)	(0, 0, 0.25)
O_1	(0, 0, 0.25)	(0, 0, 0.25)	(0, 0, 0.25)	(0, 0, 0.25)	(0, 75, 1, 1)	(0, 0, 0.25)	(0, 0, 0.25)	(0.25, 0.5, 0.75)	(0, 0, 0.25)
O_2	(0, 0, 0.25)	(0, 0, 0.25)	(0, 0, 0.25)	(0, 0, 0.25)	(0.5, 0.75, 1)	(0, 0, 0.25)	(0, 0, 0.25)	(0.25, 0.5, 0.75)	(0, 0, 0.25)
O_3	(0.25, 0.5, 0.75)	(0, 0, 0.25)	(0, 0, 0.25)	(0, 0, 0.25)	(0, 0, 0.25)	(0, 0, 0.25)	(0, 0, 0.25)	(0, 0, 0.25)	(0, 0, 0.25)
T_1	(0.25, 0.5, 0.75)	(0.25, 0.5, 0.75)	(0, 0, 0.25)	(0, 0, 0.25)	(0, 0, 0.25)	(0, 0, 0.25)	(0, 0, 0.25)	(0, 0, 0.25)	(0, 0, 0.25)
T_2	(0, 0, 0.25)	(0, 0, 0.25)	(0, 0, 0.25)	(0, 0, 0.25)	(0, 0, 0.25)	(0, 0, 0.25)	(0, 0, 0.25)	(0, 0.25, 0.5)	(0, 0, 0.25)
T_3	(0, 0, 0.25)	(0, 0, 0.25)	(0, 0, 0.25)	(0, 0, 0.25)	(0, 0, 0.25)	(0, 0, 0.25)	(0, 0, 0.25)	(0, 0, 0.25)	(0, 0, 0.25)
T_4	(0, 0, 0.25)	(0, 0, 0.25)	(0, 0, 0.25)	(0, 0, 0.25)	(0, 0, 0.25)	(0, 0, 0.25)	(0, 0, 0.25)	(0, 0, 0.25)	(0, 0, 0.25)

表 6-4　影响度和被影响度、中心度和原因度的值数表

因素	$\tilde{R}_i$	$\tilde{C}_i$	$\tilde{R}_i + \tilde{C}_i$	$\tilde{R}_i - \tilde{C}_i$	$R_i + C_i$	$R_i - C_i$
S_1	(0.16, 0.34, 3.40)	(0.00, 0.00, 2.36)	(0.16, 0.34, 5.76)	(0.16, 0.34, 1.05)	1.65	0.47
S_2	(0.12, 0.27, 3.21)	(0.00, 0.05, 2.51)	(0.12, 0.32, 5.72)	(0.12, 0.23, 0.70)	1.62	0.32
S_3	(0.40, 0.73, 4.42)	(0.31, 0.62, 4.21)	(0.70, 1.36, 8.63)	(0.09, 0.11, 0.20)	3.01	0.13
S_4	(0.35, 0.62, 4.25)	(0.56, 0.94, 4.96)	(0.90, 1.56, 9.21)	(−0.16, −0.16, −0.50)	3.31	−0.39
S_5	(0.22, 0.50, 3.70)	(0.38, 0.66, 4.19)	(0.60, 1.16, 7.89)	(−0.21, −0.31, −0.70)	2.70	−0.25
W_1	(0.19, 0.44, 3.68)	(0.18, 0.34, 3.48)	(0.33, 0.77, 7.16)	(0.01, 0.10, 0.20)	2.27	0.11
W_2	(0.13, 0.26, 3.23)	(0.09, 0.16, 2.89)	(0.22, 0.42, 6.12)	(0.04, 0.11, 0.34)	1.80	0.15
W_3	(0.32, 0.55, 4.05)	(0.00, 0.03, 2.47)	(0.32, 0.58, 6.52)	(0.32, 0.51, 1.57)	2.00	0.73
W_4	(0.00, 0.00, 2.36)	(0.18, 0.48, 3.89)	(0.18, 0.48, 6.24)	(−0.18, −0.48, −1.53)	1.84	−0.67
W_5	(0.18, 0.27, 3.16)	(0.44, 0.81, 4.59)	(0.62, 1.07, 7.75)	(−0.26, −0.54, −1.44)	2.63	−0.70
W_6	(0.29, 0.58, 4.28)	(0.03, 0.15, 2.89)	(0.32, 0.73, 7.15)	(0.25, 0.43, 1.41)	2.23	0.63
O_1	(0.34, 0.63, 4.20)	(0.00, 0.00, 2.36)	(0.34, 0.63, 6.55)	(0.34, 0.63, 1.84)	2.04	0.86
O_2	(0.19, 0.35, 3.46)	(0.00, 0.00, 2.36)	(0.19, 0.35, 5.82)	(0.19, 0.35, 1.11)	1.68	0.50
O_3	(0.38, 0.68, 4.06)	(0.30, 0.57, 4.15)	(0.69, 1.25, 8.20)	(0.08, 0.11, −0.09)	2.85	0.05
T_1	(0.11, 0.36, 3.52)	(0.19, 0.36, 3.46)	(0.30, 0.72, 6.98)	(−0.07, 0.00, 0.06)	2.18	−0.01
T_2	(0.00, 0.03, 2.46)	(0.46, 0.83, 4.91)	(0.46, 0.86, 7.37)	(−0.46, −0.80, −2.46)	2.39	−1.13
T_3	(0.00, 0.00, 2.36)	(0.06, 0.17, 2.93)	(0.06, 0.17, 5.28)	(−0.06, −0.17, −0.57)	1.42	−0.24
T_4	(0.00, 0.00, 2.36)	(0.20, 0.44, 3.57)	(0.20, 0.44, 5.92)	(−0.20, −0.41, −1.21)	1.75	−0.57

6.4 可再生能源产业发展影响因素讨论

通过前面的 SWOT 模型，本书分析了中国可再生能源产业发展的影响因素，在此基础上，本书使用 Fuzzy DEMATEL 模型，对各个要素之间的影响关系进行了分析，从而识别出影响中国可再生能源产业发展的关键要素，并对要素进行了分类。

根据 Fuzzy DEMATEL 模型的分析结果，本书将这 18 个要素的模糊度与中心度进行散点图排列，如图 6－2 所示。

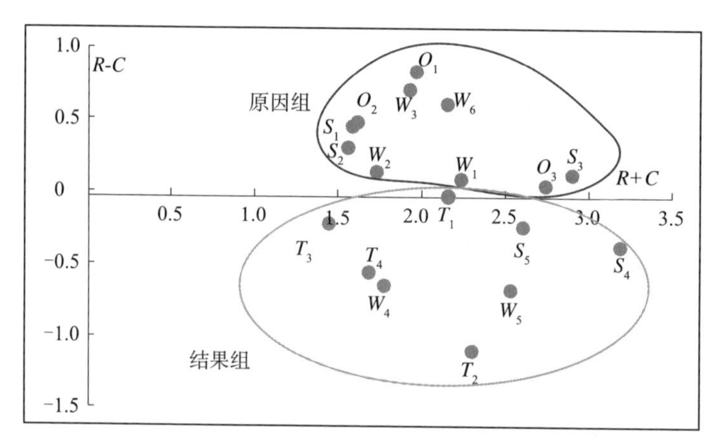

图 6－2　中国可再生能源产业影响因素的因果关系

首先，根据 $R_i - C_i$ 的正负关系来判断要素是属于原因型要素还是结果型要素。当 $R_i - C_i > 0$ 时，该要素被认为是原因型要素；而当 $R_i - C_i < 0$ 时，该要素被认为是结果型要素。

根据本书 Fuzzy DEMATEL 模型的分析结果，可再生能源资源丰富（S_1），清洁性、低碳性与低环境干扰性（S_2），可再生能源生产技术相对成熟（S_3），可再生能源建设与发电成本依然昂贵（W_1），可再生能源供应的间歇性与季节性（W_2），关键与核心技术缺乏（W_3），缺乏商业化运营机制（W_6），能源需求的快速增长（O_1），国际碳减排的压力（O_2），政府政策的大力支持（O_3）等10个要素被认为是影响中国可再生能源产业发展的原因型要素。可再生能源市场增长迅速（S_4），可再生能源设备制造业快速发展（S_5），弃风、弃光、弃水现象严重（W_4），可再生能源设备和装机产能过剩（W_5），国际可再生能源生产和投资商的竞争（T_1），可再生能源发电并网困难（T_2），天然气、核电等其他清洁能源的竞争（T_3），国际贸易壁垒和反倾销调查（T_4）等8个要素被认为是影响中国可再生能源产业发展的结果型要素。

正是因为可再生能源在资源禀赋及其清洁性、低碳性与低环境干扰性上的优势，再加上当前巨大的能源供应压力和气候变化带来的减排任务，才使得政府大力支持可再生能源的发展。政府的政策支持刺激了可再生能源生产技术的日渐成熟、市场的快速增长以及可再生能源设备制造业的快速发展。然而，由于可再生能源本身受自然条件的限制，具有比较明显的间歇性和季节性，再加上国内缺乏核心和关键的生产设备与技术，可再生能源的生产成本依然较高，在与其他能源形式和国外可再生能源企业的竞争中处于不利位置。而且，国内可再生能源市场的过快增长和低成本的重复大量生产导致可再生能源设备生产过剩，从而在国际贸易中遭受种种责难，在国内则面临着可再生能源发电上网难的困境，从而造成大量的弃风、弃水和弃电现象。

Fuzzy DEMATEL模型也可以用来分析和识别要素的重要程度，R_i+C_i值的大小就是用来进行要素重要程度识别的。通常情况下，R_i+C_i的值越小，说明该要素的中心度越高，那么该要素受到其他要素的影响或者对其他要素的影响程度就越低，从而说明该要素在整个决策系统中的重要程度就越低。反之，如果R_i+C_i的值越大，说明该要素的中心度越低，那么该要素受到其他要素的影响或者对其他要素的影响程度就越高，从而说明该要素在整个决策系统中的重要程度就越高。在本书中，根据R_i+C_i值的大小，影响中国可再生能源产业的各个要素的重要性排序见表6－5。

表6－5　各个要素的R_i+C_i值及重要性排序

要素	S_1	S_2	S_3	S_4	S_5	W_1	W_2	W_3	W_4	W_5	W_6	O_1	O_2	O_3	T_1	T_2	T_3	T_4
R_i+C_i	1.65	1.62	3.01	3.31	2.70	2.27	1.80	2.00	1.84	2.63	2.23	2.04	1.68	2.85	2.18	2.39	1.42	1.75
排序	16	17	2	1	4	7	13	11	12	5	8	10	15	3	9	6	18	14

根据表6－5中各个要素的重要性排序，可再生能源市场的增长（S_4），可再生能源技术的日趋成熟（S_3），政府政策的大力支持（O_3），可再生能源设备制造业的快速发展（S_5），可再生能源设备生产和装机容量生产过剩（W_5）是影响中国可再生能源产业发展的最重要的五大因素。可再生能源发电并网困难（T_2），建设与发电成本昂贵（W_1），缺乏商业化的运作机制（W_6），国际可再生能源生产和投资商的竞争（T_1），能源需求的快速增长（O_1），关键与核心技术缺乏（W_3）等6个因素对可再生能源产业的发展也具有比较重要的意义。弃风、弃光、弃水现象严重（W_4），可再生能源的间歇性和季节性（W_2），国际贸易壁垒和反倾销调查（T_4），国际碳减排的压力（O_2），可再生能源的资源禀赋（S_1），清洁性、低碳性与低环境干扰性（S_2），天然气、核能等其他能源的竞争（T_3）等7个因素的重要程度就要相对较低，与前面的诸多因素相比，对中国可再生能源产业发展的影响相对较小。

在这些因素中，既有有利于中国可再生能源产业发展的要素，也有阻碍可再生能源产业发展的因素，而且这些要素之间还存在一定的因果关系，要素之间彼此交织和相互影响，影响着中国可再生能源产业的发展。通过因果关系（R_i-C_i）和重要程度（R_i+C_i）两个维度的划分，可以识别出核心要素，即重要程度较高的原因要素。在本书的研究中，这样的核心要素主要是可再生能源技术的日趋成熟（S_3）、政府政策的大力支持（O_3）和能源需求的快速增长（O_1）。实际上，这3个要素构成了可再生能源发展的外在压力、刺激力和内在驱动力，通过这种内部和外部动力的联合作用，可再生能源产业才能够在当前的环境中发展。与此同时，还存在诸多限制可再生能源发展的核心要素，本书的研究发现，限制中国可再生能源发展的核心要素是：可再生能源建设与发电成本昂贵（W_1），缺乏商业化运作机制（W_6），关键与核心技术缺乏（W_3）。这三个要素是导致当前中国可再生能源产业面临各种问题的根源，是最为重要的限制要素。

6.5 本章小结

本章通过 SWOT 分析模型，识别出了影响中国可再生能源产业发展的 5 个优势要素、6 个劣势要素、3 个机遇要素和 4 个威胁要素。借助于 Fuzzy DEMATEL 模型，分析各个要素是否存在两两之间的直接影响关系以及这种直接影响关系的强弱，进而将这 18 个要素分为原因型要素和结果型要素。结果表明，可再生能源市场增长、技术成熟、政策支持和设备制造的快速发展是推动中国可再生能源产业发展的主要因素，而成本高昂、缺乏商业化运作机制和关键核心技术是限制中国可再生能源产业进一步发展的核心要素。

第7章

可再生能源产业发展政策建议

本章对美国、日本、欧盟等发达国家和地区的可再生能源政策演变进行介绍，然后对中国的可再生能源政策进行点评和分析。在前面对可再生能源开发利用绩效进行综合评价和可再生能源产业关键要素识别的基础上，通过借鉴国外发达国家的相关发展经验，为中国可再生能源产业的发展提出相关政策建议。

7.1 美国、日本、欧盟等国家和地区的可再生能源政策

作为发达国家，美国、日本和欧盟等发达国家和地区在可再生能源的开发利用绩效方面做得更好，而且拥有比较悠久的发展历史。了解这些国家的可再生能源战略和政策，对提升中国的可再生能源开发利用绩效，克服当前可再生能源发展中遇到的困境具有一定的借鉴和帮助作用。

7.1.1 美国的可再生能源政策

作为当今世界头号强国，美国一直是世界上最大的能源消费国之一，在很长一段时间内都面临着能源供应压力。为了保障能源安全、实现能源独立，美国政府从20世纪50年代开始就通过政策干预，大力发展核电技术，并鼓

励发展风能、太阳能、水电和生物质能，通过能源形式的多元化来保障能源安全，增加能源供给。经过几十年的努力，美国的能源自给率在2015年达到了1982年以来的最高水平91%。在2015年的美国一次能源消费结构中，原油、天然气和煤炭的比例分别为37.3%、31.3%和17.4%，核能的比例为8.3%，水电和其他可再生能源所占的比重分别为2.5%和3.1%。尽管可再生能源在美国的一次能源消费总量中所占的比重并不高，但考虑到美国庞大的经济和能源消费规模，美国的可再生能源发展水平在世界上仍然是首屈一指的。

在美国的可再生能源产业发展过程中，能源立法扮演着重要的角色。美国的可再生能源政策主要是通过联邦和各州的能源法案、环境法案及农业法案等来实现的（Duffield & Collins，2006）。其中，最早的综合性能源法案是为了应对中东石油危机而通过的《1978年国家能源法案》，该法案最主要的目的是增加美国国内的能源供给，共包括五个单一法案，对刺激可再生能源的发展都有一定的帮助作用。这一系列的法案规定：公用电力事业必须使用符合规定条件的可再生能源；私人使用可再生能源设备的可以享有一定数额的个人税收抵免，对可再生能源领域进行商业投资的可以减免一定数额的能源税，使用乙醇混合燃料的汽车可以减免一定数额的消费税；减少和限制化石能源在建筑、交通等领域的使用；禁止新建使用化石燃料或者无法使用替代燃料的电厂；逐步放开对页岩气、煤层气等非常规化石能源的价格管控，鼓励非常规化石能源的开发（Friedmann & Mayer，1980）。

1980年，美国通过了第二部综合性能源法案《1980年能源法案》，这一系列的法案更加侧重对发展可再生能源的支持，为生物质能、太阳能、风能、地热能和海洋能的发展提供了具体的指导方案。相比之下，《1992年能源政策法案》更加突出能源效率的地位，主要目的在于减少对进口能源依存度，鼓励可再生能源发展。这一系列的法案规定了交通运输替代燃料的构成，对生物质燃料和混合燃料的生产实行税收减免，为推广替代燃料汽车实施税收减免和资金支持，并为风力发电和生物质能发电提供十年的税收减免（Watkiss & Smith，1993）。

2005年，美国政府对《1992年能源政策法案》进行了修订，通过了《2005年能源政策法案》，在多个部分提到了可再生能源与清洁能源及其技术和激励政策，充分体现了对可再生能源和新能源技术的重视。该法案规定了联邦政府必须使用一定比例的可再生能源，提出了非水电可再生能源的发展目标，为联邦政府建筑安装太阳能系统，每年投入大笔资金推广光伏能源商业化项目、进行光伏系统评估项目，对生物质能燃料的生产进行补贴，为农村和偏远地区提供电气化补助，对节能建筑实行一定比例的税收减免，对燃料电池汽车实行一定数额的税收抵免（Law，2007）。

2007年，美国政府通过了《2007年能源独立和安全法案》，重点关注节能、能源效率和可再生能源利用等方面。具体内容包括：为汽车电池的研发提供贷款担保，鼓励购买电动汽车和混合动力汽车，规定联邦政府每年必须至少减少20%的石油消费，且增加至少10%的替代燃料消费；制定了新的可再生能源生产目标，对高能效的可再生能源技术进行奖励和补助，为生物质燃料的研发、示范和商业运营提供补贴。2009年通过的《2009年美国复兴与再投资法案》是关于美国可再生能源的最新法案。该法案大幅增加了可再生能源领域的财政拨款，以支持可再生能源的研发与商业运营；为电池系统、锂离子电池、混合动力系统等提供资金奖励；为各州政府和地方政府大楼安装燃料电池、太阳能、风能和生物质能发电设备；扩大可再生能源系统的税收减免，并将可再生能源发电设备生产商的税收抵减期继续延长；发行清洁能源债券，为各州和地方政府进行可再生能源项目融资（Sissine，2007）。

除了一系列的综合能源法案之外，为了开发地热能、太阳能，美国政府还通过了许多单一能源法案，弥补了综合能源法案的不足。从具体的财政补贴情况看，美国政府对可再生能源的财政补贴力度是不断增大的。相比之下，同时期的化石能源补贴都出现了不同程度的下降，反映了政府对可再生能源的重视程度。从立法政策上来讲，美国的可再生能源立法具有比较强的稳定性、连续性和针对性，而且立法内容非常详细，比如关于补贴的规定就详细说明了补贴的对象、方式、额度等内容。而且，在制定相关政策的过程中不仅强调了政府立法的强制性，更充分体现了市场调控的作用，体现了可再生能源产业发展的特点。

然而，由于化石能源价格的巨大波动性，直接影响到政府及公众对可再生能源的信心，导致低油价时期对可再生能源产业的投资和支出削减。共和党与民主党之间的利益斗争与政治分歧、政府面临的预算压力等因素在客观上也影响到了美国可再生能源政策的实施。

7.1.2　日本的可再生能源政策

日本作为缺乏能源资源的经济大国，对各种形式的新能源十分重视。自 20 世纪 50 年代以来，日本就大力发展核电技术，在 2010 年福岛核事故之前，日本共有 55 台核电机组在运营中，总发电装机容量达到 47.3 吉瓦，居世界第三位，核电发电量占国内总发电量的 30% 左右。受福岛核事故的影响，日本的核能产业迅速衰落，核电发电量占国内总发电量的比重下降到 2%。在可再生能源产业发展方面，日本的可再生能源产业也曾有过比较辉煌的历史。日本的光伏发电累计装机容量在 2007 年之前曾连续多年位居世界首位，光伏设备产量也位居世界前列，仅次于中国。由于日本位于地球两大地震带中间，拥有丰富的地热资源，早在 1966 年日本就建立了第一座商业化运营的地热发电站，地热发电技术非常成熟（王晓苏，2011）。此外，日本在风力发电、水电等方面也取得了不俗的成绩，是世界能源贫乏国家学习的典范。

作为一个能源贫乏的经济大国，日本的能源自给率仅有 4% 左右，而在自给的能源中，核电与可再生能源占据了主要地位，由于可再生能源的能源密度低，开发利用成本较高，因此日本在 20 世纪 50 年代就确立了优先发展核电的能源战略，1955 年就制定了《原子能基本法》，1966 年第一座核电站正式运营，此后，核能在日本能源战略中的地位不断提高，直到福岛核事故的发生，政府被迫暂时关闭了国内的所有核电站，在 2012 年后才重启核电（张宪昌，2014）。

由于日本是一个多山的岛国，再加上温带季风气候带来的丰沛的雨水，日本的水能资源非常丰富，为水电的发展提供了天然的优势。在明治维新之后，由于缺乏化石能源，日本无法像其他资本主义国家那样使用火电，所以日本从19世纪90年代就开始着手开发国内的水电资源。之后水电的开发进入了扩张阶段，到第一次世界大战的时候，日本的水电甚至一度超过了火电，并支配了日本国内电力市场近半个世纪，直到20世纪60年代。随着第二次世界大战后日本经济的逐渐恢复和重建，能源需求迅速扩大，水电发展迎来了黄金时期，政府对水电开始进行全方位的开发。但是由于水电受到地理和自然条件的限制严重，无法满足对能源的需求，因此，火力发电在整个能源战略中仍然是第一位的。但是在70年代中东石油危机冲击之下，水电仍然是日本能源战略中的重要组成部分，兴建了许多大型抽水蓄电站，因而在总发电装机容量中，水电装机容量仍然保持稳定增长（赵建达，2007）。

日本在大力发展核电和水电的同时，也非常重视节能技术与其他可再生能源的利用。1951年，日本就通过立法来推广节能。1974年，日本通过了第一个开发新能源的长期计划——阳光计划，计划到2000年，由政府投资1万亿日元来推动开发太阳能、地热能、氢能以及煤炭的液化与气化技术（朱真，1985）。1980年，《替代石油能源法》获得通过，并成立了新能源综合开发机构，以此来推动核能、海洋能、地热能、太阳能、生物质能及燃料电池的大规模开发与商业化运营（姜雅，2007）。1993年，日本政府提出“新阳光计划”，主要是为了推动能源与环境领域的综合技术开发与推广，不仅对科研活动进行补贴，还对生产者和消费者进行补贴（杨泽伟，2011）。1994年，日本政府公布了“新能源发展大纲”，制定了到2000年的太阳能、生物质能的发展目标，并在1997年制定了《促进新能源利用特别措施法》，规定了关于新能源推广的技术研发和资金支持政策。进入21世纪后，日本政府颁布了《日本电力事业新能源利用特别措施法》，规定每年销售的电力中必须包含一定比例的新能源，并制定了配合该法律实施的相关行政命令和细则。

为了促进可再生能源产业的发展，日本政府提出了新能源产业远景构想的长期战略规划，要求在2030年之前，把光伏、风电、燃料电池等可再生能源产业扶植成为日本的主干产业之一，并规定了新能源的消耗比重、产业就业规模等。2006年，日本政府再次提出《新能源国家战略》，提出要通过发展可再生能源产业来降低对石油的依赖程度。

除此之外，日本针对民用住宅太阳能发电项目实施剩余电力收购制度，规定电力公司在十年内有义务以两倍的价格收购学校、居民安装的太阳能发电项目剩余电力。2010 年，日本扩大了可再生能源固定价格收购制度的适用范围，对风能、太阳能、中小水电、地热能以及一部分生物质能发电项目实施固定电价收购制度，并规定了不同项目的收购电价、年限及优惠措施，大大刺激了可再生能源项目的推广，使光伏项目的发展超出了预期，政府不得不下调光伏电力上网的收购价格（张宪昌，2014）。

作为世界上能源资源最为贫乏的经济大国，日本为了保障能源供给，在开发利用新能源方面付出了巨大的努力，虽然可再生能源在日本能源消费结构中比例并不是太高，而且主要以水电为主，但是考虑到日本庞大的经济规模和高度依赖进口的能源结构，日本的可再生能源产业依然呈现出生机与活力。更为重要的是，为了克服了国土面积、气候、地理条件等各方面的不利因素，日本实施了一系列的政策，并保证了政策措施的有效性与执行力，使可再生能源产业在各种不利因素中向前发展。

7.1.3　欧盟的可再生能源政策

欧盟是世界可再生能源产业发展最好的地区，尤其是在风力发电、光伏发电和生物质能领域，欧盟更是走在世界的前列。在欧盟成员国中，可再生能源生产量和发电量在能源生产总量和电力消费总量中的比重都超过了 20%，个别国家的比重甚至更高。

欧盟国家中，除了英国、德国、挪威等少数几个国家拥有较为丰富的化石能源外，大多数国家的化石能源资源禀赋都比较差，因而需要从中东和苏联地区进口能源资源来满足欧盟内部的能源需求。目前，化石燃料占欧盟能源消费总量的比重约为 60%，能源进口依存度高达 55%，油气制品的进口依存度更是高达 90% 以上（European Commission，2013）。因此，能源安全问题一直是欧盟国家关注的重点问题，而可再生能源被视为解决欧盟能源安全问题的最有效的方案。

从20世纪80年代开始，欧盟就鼓励使用可再生能源，尤其是生物质能燃料的使用和推广，要求各成员国通过使用汽油与甲醇、乙醇及其他替代燃料的混合燃料，来降低对进口石油的依赖（European Commission，2001）。1997年，欧盟发布了《未来能源：可再生能源共同战略与行动计划白皮书》，白皮书中说明了发展可再生能源对能源、环境和就业的各种好处，提出了到2010年欧盟可再生能源的整体发展目标以及各种不同的可再生能源的发展目标。在此基础上，分别确定了各个成员国的发展目标和战略。为了实现这些目标，该计划总投资达1650亿欧元，计划建立和实施公平的新能源市场准入制度、重新对新能源产品进行税收框架设计、对可再生能源生产进行补贴、强化成员国之间的合作等（European Commission，1997）。

2000年，欧盟委员会发布了《欧盟能源供应安全战略绿皮书》，在重申1997年白皮书的基础上，强化了对可再生能源的认识，要求对可再生能源发电予以优先权。2001年，欧盟发布了《可再生能源指令》，强调各成员国在可再生能源生产绿色证书、投资、税收、价格等方面对可再生能源的支持，调整了欧盟2010年的可再生能源发展目标①。2003年，欧盟又发布了《生物燃料指令》，提出了各个成员国在生物质能燃料上的最低份额要求。2007~2008年，欧盟又先后制定了到2020年，可再生能源占一次能源供应20%，能源效率提高的20%，温室气体比1990年减少20%的目标。2009年，欧盟委员会发布了《可再生能源指令》，对之前相关指令进行了修改，确定了为实现2020年三个20%目标的强制性政策，包括强制性的可再生能源发展目标、成员国之间的项目合作与转让、可再生能源电力上网等，并制定了相关标准②。

到2010年，欧盟可再生能源占能源消费总量的比重达到12.4%，基本上实现了之前关于可再生能源发展的目标，说明了欧盟关于可再生能源的相

① Directive 2001/77/EC of the European Parliament and of the Council of 27 September 2001 on the promotion of electricity produced from renewable energy sources in the internal electricity market [EB/OL].

② Directive 2009/28/EC of the European Parliament and of the Council of 23 April 2009 on the promotion of the use of energy from renewable sources and amending and subsequently repealing. Directives 2001/77/EC and 2003/30/EC [EB/OL].

关政策是有效的。但是，由于欧盟内部各个成员国在经济、文化、科技方面的巨大差异，有 15 个成员国没有达到可再生能源目标。2011 年，欧盟发布了《2050 能源路线图》，描绘了 7 种不同情境下的能源系统，无论在何种情境下，可再生能源都占据了重要的地位。

从整体效果上来讲，欧盟的可再生能源产业发展政策是比较成功的，这一政策体系从一开始就认定了可再生能源在整个能源系统中的重要作用。在具体政策上，欧盟实行的是比较灵活的政策，虽然整体倾向于市场化的配额制，但是也允许固定电价的实施，二者相互补充。在激励形式上也多种多样，既有技术研发上的支持，也有税收和价格上的补贴，同时也对传统的化石能源进行了比较直接的限制。此外，欧盟在可再生能源产业的发展上，更加注重创造可持续的制度环境，吸引社会民众的支持和参与。

7.2　中国当前的可再生能源政策

从世界范围来看，中国在可再生能源领域投资最多，拥有世界上最大的可再生能源装机容量和发电量。在这一切成果的背后，是政府政策的支持，具体来看，体现在四个方面：立法政策、融资政策、技术政策和财税政策。

7.2.1　立法政策

从广义上来讲，可再生能源产业的法律体系包括法律、行政法规、部门规章及指导性文件等，但从严格意义上来讲，可再生能源产业的立法体系主要是指具有通用性质或者专门性质的法律。在中国现行的法律中，有多部法律都涉及可再生能源。《大气污染防治法》《环境保护法》《电力法》《节约能源法》《环境影响评估法》等法律都有涉及可再生能源的相关条目，都提到鼓励和支持太阳能、风能、水能等清洁能源的开发与利用，鼓励生产和使用清洁能源，尤其是要在农村推广可再生能源的开发与利用。但真正对可再生能源产业的发展起到决定性作用的法律是 2005 年通过的《可再生能源法》，确定了可再生能源产业发展的目标、电力价格、费用补贴、电力上网、专项资金等相关方面的制度，对可再生能源的开发利用和可再生能源产业的发展壮大起到了极大的促进作用。

7.2.2 融资政策

从20世纪80年代后期开始，中国政府就设立了农村能源贴息贷款，主要用于农村大中型沼气工程及其他小型可再生能源项目的建设，按照商业银行利率的50%对项目进行补贴。1999年，政府发布了《国家计委、科技部关于进一步支持可再生能源发展有关问题的通知》，表示对可再生能源项目要优先安排贷款，贷款业务主要以国家开发银行为主，商业银行也可以积极参与；对大中型可再生能源项目予以2%的财政贴息；优先支持国产化可再生能源发电设备的建设项目，在财政贴息和还贷期限上给予优惠。同时，对于引进先进技术和重要装备、鼓励重点发展的产业进行利息补贴，并根据可再生能源技术的变化，对贴息补贴的项目进行调整，鼓励进口先进的技术和设备。

银行贷款是可再生能源产业的主要融资渠道，根据相关统计，国家开发银行支持了全国60%以上的可再生能源项目融资，贷款类型以中长期贷款为主、短期和流动贷款为辅，最长期限可达15年。此外，世界银行、亚洲开发银行、欧洲投资银行等国际性金融组织也是可再生能源项目的主要融资来源。通过企业上市和发行企业债券也是可再生能源产业的融资渠道之一，而且政府在2013年发布了《发改委办公厅关于进一步改建企业债券发行审核工作的通知》，加快和简化可再生能源项目融资的审核。

7.2.3 技术政策

由于中国的可再生能源产业的发展起步较晚，因此急需引进国外的先进技术来发展国内的可再生能源产业。1995年，由国家计委、经贸委等部委发布的《外商投资产业指导目录》将太阳能、风能、磁能、地热能、潮汐能等可再生能源产业作为鼓励外商投资的产业，尽管经过多次修订，但可再生能源电站一直都是鼓励外商投资产业。1997 年，中国政府第一次发布了《当前国家重点鼓励发展的产业、产品和技术目录》，其中就包括了太阳能、地热能、海洋能、垃圾、生物质能及大型风力发电项目，对其免征进口关税和进口增值税。2005 年，国家发改委发布了《可再生能源产业发展指导目录》，其中包括了 88 项可再生能源开发利用技术和系统设备。在之后历次修订的《产业结构调整指导目录》中，新能源产业的地位越来越突出，将其作为国家战略性新兴产业，而且越来越注重新的可再生能源技术的开发与应用。

针对不同类型的可再生能源技术，相关部委还专门出台了一系列的文件，来促进可再生能源技术的进步和可再生能源产业的发展，旨在提升本国的可再生能源技术实力和可再生能源产业的发展水平。

7.2.4　财税政策

由于中国的可再生能源产业发展起步较晚，在很大程度上需要依赖于政府的扶持，因而需要政府在财政和税收政策上予以支持和补贴。中国可再生能源产业的财税政策形式多样，包括直接投资、税收优惠、财政补贴与上网定价等多种形式。

由于可再生能源产业的发展历史比较短，还需要大量的资本投入，所以在产业发展初期，国有资本直接参与投资的比例比较大。尤其是风力发电、水电、生物质能发电项目，国有企业的投资建设容量能够占到全国总容量的 70% 以上。相比之下，由于光伏发电项目可以小规模运行，所以光伏项目的投资呈现出比较多元化的现象。

税收优惠是可再生能源产业发展中使用最多的政策工具之一，而且会随着可再生能源技术和产业的发展而逐渐调整，因而在实施过程中比较灵活。从 1998 年开始，政府就对可再生能源相关技术和设备实施免征关税和进口环节增值税，后来为了鼓励可再生能源技术和设备的国产化，推动中国可再生能源产业和技术的不断进步，这种关税优惠政策逐渐调整，适用范围也逐渐缩小，仅对部分关键设备部件和技术实施免征关税。除了相关技术和设备的关税优惠政策外，可再生能源发电也能够享有相关的销售增值税优惠，其中，风力发电和光伏发电能够享受50%的增值税退税，利用城市生活垃圾发电的增值税从2001年起即可享受增值税即征即退的政策，从2004年调整为城市生活垃圾用量占发电燃料比例达到80%才能享受这一优惠政策，而且生物柴油、乙醇的生产和销售也可以享受增值税即征即退或者先征后退的优惠政策。2011年后，对乙醇生产的增值税和消费税的退税比例逐渐降低，并恢复征税。可再生能源企业所得税也是税收优惠的重点税种。从2008年开始，风力发电、太阳能发电和地热发电新建项目可以享受自取得营业收入后三年免征企业所得税，然后继续享受三年减半征收企业所得税。在对符合相关条件的生物质能生产企业征收企业所得税时，将应纳税所得额按90%计入当年收入总额。

在可再生能源发展过程中，补贴政策也发挥了重要的作用。这种补贴政策分为两种：第一种是对项目进行直接补贴，这种项目投资补贴政策主要是针对光伏发电项目。从2009年开始，财政部、住建部等部门公布“太阳能屋顶计划”，主要是对太阳能光伏建筑项目进行补贴，以此来加快光伏发电的产业化和规模化发展。第二种是可再生能源发电上网电价补贴，这种补贴方式的应用范围更为广泛，也是政府对可再生能源产业进行财政补贴的主要形式。中国的电力上网电价是由供需各方竞争形成，常规水力发电企业，燃煤、燃油和燃气发电企业以及具备条件的核电企业电力上网都要参与竞争。2005年，国家发改委规定，风电、地热、太阳能等可再生能源企业暂不参与市场竞争，可再生能源企业发电量由电网企业按照政府定价或者招标价格优先购买，政府适时规定售电企业售电量中可再生能源的比例。2006年，国家发改委发布了《可再生能源发电价格和费用分摊试行办法》，对可再生能源发电项目上网电价高于当地脱硫燃煤发电标杆上网电价的部分、国际投资或者补贴建立的公共可再生能源独立电力系统运行维护费用高于当地省级电网平均销售电价的部分，以及可再生能源发电项目接通入网的费用进行补贴，电价补贴主要是通过向电力用户征收电价附加的方式来解决。

对于不同的可再生能源发电项目，上网电价的形成方式和补贴机制也不一样。生物质能发电项目通过政府招标确定，上网电价实行政府指导定价，即按照中标价格执行，但不得高于所在地区的标杆上网电价。对于实行政府定价的生物质能发电项目，由国务院相关部门制定标杆电价，电价标准由当地脱硫燃煤发电机组的标杆上网电价加上电价补贴构成，电价补贴为0.25元每千瓦时，从项目投产起15年内可以享受电价补贴；2010年后新建的可再生能源发电项目享受的电价补贴比上一年递减2%；对于常规能源超过20%的混合热能发电项目，不得享受相关补贴。2010年，国家发改委对生物质能发电实行标杆上网电价，对没有通过政府招标确定的可再生能源发电项目，实行0.75元每千瓦时的标杆上网电价。同时，对秸秆燃烧发电亏损的项目按照0.1元每千瓦时的标准对上网电量予以补贴。对于垃圾焚烧发电项目，按照每吨生活垃圾280千瓦时的发电量予以折算，每千瓦时的垃圾焚烧发电标杆电价定为0.65元每千瓦时。

风力发电上网电价实行的是政府指导定价，发改委根据各地的风力资源条件和工程建设条件，在2009年将全国分为四类风力资源区，风电的标杆上网电价分别为0.51元、0.54元、0.58元和0.61元每千瓦时，高出当地脱硫燃煤发电上网电价的部分，由全国征收的可再生能源电价附加分摊解决，在燃煤发电上网电价以内的部分，由当地省级电网负担。

对于招标确定的太阳能光伏发电项目，执行特许权招标定价，对于非招标的太阳能光伏发电项目，从2011年开始执行全国统一的太阳能光伏发电标杆上网电价。2013年，国家发改委对光伏发电上网标杆电价进行了调整，把全国划分为三类太阳能源资源区，分别执行0.9元、0.95元和1元的光伏发电标杆上网电价。为了鼓励分布式光伏发电的推广，对光伏项目的全部发电量执行0.42元每千瓦时的补贴标准，对于分布式光伏项目的剩余电量，电网企业按照当地的燃煤发电标杆上网电价进行收购。

为了鼓励可再生能源项目发电入网，发改委从2006年开始征收可再生能源电价附加补助，经历了多次调整后，将向除居民生活和农业生产以外的其他用电征收可再生能源电价附加，征收标准由最开始的每千瓦时 0.001 元最终提高到 0.019 元。

7.3 中国与发达国家可再生能源政策比较

通过比较中国与美国、日本、欧盟等国家和地区的可再生能源政策，我们可以发现，这些国家在发展可再生能源方面都付出了巨大的努力，都从补贴、税收、贷款、示范运营等方面采取了各种措施，虽然从内容上来讲，各个国家的措施大同小异，但各自的实施效果却是不一样的，造成这种差异的原因主要有以下几个方面。

第一，政策法令的性质不同。美国、日本、欧盟等国家和地区，非常注重通过立法和各种能源发展规划来推动可再生能源产业的发展。这种能源立法主要是由国会等立法部门通过的，在充分论证了政策法令的科学性之后，用法律的形式加以固定，使其成为具有法律效力的政策，在性质上就带有明显的强制性。相比之下，中国的可再生能源政策为了保证其灵活性，更加偏重于以行政指令的形式发布，在具体的执行过程中，由于政策缺乏强制性的执行力，其执行效果就会大打折扣。而且，行政指令由于不具有法律的权威性，其制定过程可能存在一定的不科学性和随意性，因而可能存在一定的缺陷和不足，虽然在后续执行过程中可能会不断地进行更改和调整，但也会影响到政策的执行效果。

第二，政策法令的内容侧重不同。在大多数发达国家，可再生能源政策和发展规划都会详细地阐述各项政策和规划在各个阶段的发展目标，明确具体的执行措施和执行部门，安排专门的经费来源，等等。而中国的可再生能源政策大多是纲领性的文件，通常会阐述政策所产生的背景、要解决的问题、政策的阶段性目标等内容。但是与欧美国家的政策相比，中国的可再生能源政策指令文件通常缺乏具体的执行措施和细则。而且关于某一项政策的执行通常会涉及多个部门，各个部门都参与其中，虽然各自都扮演着不同的角色，但是缺乏一个在其中起主导作用的核心部门，在具体执行过程中依然会难以协调各个部门的工作，进而降低了政策的执行效率。

第三，政策法令的实施范围不同。欧盟和日本，由于各个国家的国土面积较小，行政组织机构相对扁平化，政策指令的上传下达更加通畅，这对能源系统管理和能源政策实施具有一定的促进作用。美国的国土面积虽然比较庞大，但作为联邦制国家，美国的各个州具有一定的独立性，而且不同的州能源禀赋也不一样，因而不同的州在可再生能源产业的促进政策及其强度上也不一样。在这种情况下，美国联邦政府的可再生能源政策实际上是从国家层面上来对可再生能源产业的发展进行刺激。具体到各个州，不同的州在发展可再生能源产业方面也有自己的一些具体措施，只要不与联邦政府的政策和法律冲突即可。联邦政府与州政府的刺激与鼓励政策相互补充，并不会相互干扰，因而在可再生能源政策和法律的执行上也相对比较容易。而在中国，由于国土面积广阔，各省份在资源、经济和技术水平上差异巨大，而且还存在着严重的地域差异，尤其是经济科技发展水平与资源禀赋倒挂的情况比较严重。在行政职能上，中央政府负责制定促进可再生能源产业发展的政策法令，然后再分解到各个省份。中央各部委和地方政府是主要的政策执行者，看上去各自有着明确的分工，但实际上问题却比较多。因为各省份在资源、经济和技术水平上有着巨大的差异，这就给政策的制定带来了巨大的困难，同样的政策不一定适应于所有的省份。作为政策的执行者，各地方政府缺乏独立性和自主性，从而影响到政策的执行效果。在这种情况下，可再生能源政策的制定和执行都面临着比较大的挑战，地方政府在其中发挥的作用比较有限。

当然，除了以上因素导致中国与美国、日本、欧盟等发达国家和地区在可再生能源政策上的差异外，还有文化、技术、社会等因素。在发达国家，由于技术发达，人们的生活水平也更高，人们对可再生能源也更易于接受，甚至愿意为此付出更多的成本。在这种情况下，可再生能源的政策执行起来也就更加有利。相比之下，在中国，大多数人更愿意使用更加廉价的传统能源，这就意味着政府需要支付更多的补贴才能使更多的人愿意接受可再生能源，这无疑加大了可再生能源政策的实施成本与难度。

7.4 中国可再生能源产业发展政策建议

7.4.1 可再生能源产业整体发展建议

通过比较和评价中国与世界主要国家的可再生能源开发利用绩效，然后识别和分析影响中国可再生能源产业发展的关键因素，并借鉴和比较美国、日本、欧盟等国家和地区的可再生能源产业发展政策，本书对中国可再生能源产业的发展总结了以下政策和建议。

（1）完善可再生能源立法和宣传，提高公众对可再生能源的认知和接受程度。虽然在评价过程中，可再生能源开发利用的社会绩效并不算差，但是从具体的政策措施细则及其执行效果来看，社会绩效仍然还有很大的上升空间。为了促进可再生能源产业的发展，中国专门制定了《可再生能源法》，拉开了中国可再生能源产业快速发展的大幕。但从立法导向上来看，这部法律更多强调政策上的倾向，而非可再生能源产业发展的规范性、专业性和技术性，缺乏明确的操作标准和约束规范。从内容上来讲，立法内容较为空洞，偏向于政府政策上的引导，忽略了市场的作用，更没有考虑社会民众在可再生能源产业发展中应该扮演的角色，而且未能规范可再生能源产业和市场的管理体制问题，多个部门参与其中，多头管理，效率低下。法律的陈旧与内容上的空洞严重制约了法律的作用。相比而言，德国在2000年制定了《可再生能源法》，之后在12年间修订了12次，内容也从最开始的12项增加到66项，而且全面细致地对可再生能源的相关政策进行了规定，形成了比较完备的可再生能源法律体系。还有就是中国不同法律之间的冲突，《可再生能源法》与《电力法》《节约能源法》等之间在内容上存在一些歧义和不一致的地方。

因此，在可再生能源立法方面，要突出法治精神，体现法律的前瞻性和规范性，将眼前利益与长远发展结合起来，明确政府、市场、企业和社会的责任、权利和义务。同时，要考虑不同类型可再生能源的特点，将立法进一步细化，以法律的形式对不同类型可再生能源的发展进行长远规划，建立相互统筹和协调的能源法律体系，充分尊重民意，让可再生能源产业的发展得到全社会的支持，而不是仅仅看到眼前的利益。

（2）加大可再生能源技术研发力度，攻克关键技术难关，降低可再生能源生产成本。技术绩效是制约中国可再生能源产业发展的一个关键方面，尤其是在可再生能源设备的核心部件和关键技术方面，中国仍然受制于其他国家，这也是影响中国当前和未来可再生能源产业发展的一个重要因素。在过去的十多年中，中国的可再生能源产业已经取得了巨大的成就，这些成就都是以技术的进步和成熟为基础的。但是这些成就的背后却存在诸多的隐忧，技术的成熟带来了生产规模的扩大，尤其是风力涡轮和光伏太阳能板等可再生能源设备生产规模迅速增长。与此同时，中国的可再生能源设备生产商在部分核心部件的生产上却缺乏关键性的技术和装备，不得不依赖国外设备供应商。国产可再生能源设备凭借低廉的价格以势不可挡的态势席卷国际市场，同时也在全球各地遭遇反垄断和反倾销调查，使得可再生能源设备生产企业的生存环境越来越艰难。在这样的背景下，依靠规模效应带来的低成本重复生产已经无法适应市场环境，必须依靠自己的实力，加大对关键技术和核心部件的研发力度，提升产品的技术含量，减少低成本的重复生产。

虽然依靠科技的进步，可再生能源的生产成本已经大大降低，部分新能源电力的生产成本甚至能够达到与天然气发电相匹敌的成本优势。但是与煤炭和石油发电相比，可再生能源的发电成本依然显得十分高昂。尤其是在中国，燃煤发电占全国总发电量的比重在75%以上，而天然气发电占总发电量的比重还不到3%，而且天然气的发电成本是燃煤发电成本的2~3倍，所以可再生能源想要扩大在中国发电来源构成中的占有比例，必须进一步依靠技术进步，降低生产成本，才能够缩小和化石能源发电的成本劣势。可再生能源产业要进一步发展，必须重点攻克风电与光伏设备的核心部件、大容量储能技术、燃料电池、智能电网等领域的技术难关，最终增强可再生能源的市场竞争力，最终取代化石能源，实现清洁与可持续发展。

（3）完善能源治理，增加地方政府部门在可再生能源管理上的自主权，强化对可再生能源产业的协调管理。长期以来，中国的能源治理一直为人们所诟病，主要表现在以下两个方面：第一，涉及部门多，协调难度大。每每涉及相关能源政策推出时，大都是发改委、工信部、财政部、科技部、国家税务总局、能源局等多个部委联合发文，涉及的行政部门众多，事务繁杂，彼此之间协调难度比较大，直接增加了可再生能源政策在执行过程中的管理与协调难度。第二，国土辽阔，省份众多，而且彼此之间在文化、经济和社会方面呈现出比较大的分异，从而加大了对能源系统进行统一管理的难度，但是将能源治理的权力下放给省级政府又无法实现协调发展，尤其是跨省的能源运输规模庞大，无法将各省份的能源系统独立开来。

从能源安全状况较好的发达国家的经验来看，能源管理部门在能源治理事业中的作用是非常重要的，成功的能源管理对改善能源安全状况是十分必要的。可再生能源作为当下最为理想和最具潜力的清洁和替代能源，在国家能源系统中具有非常重要的地位。然而，可再生能源的分散性和地区差异性使得可再生能源管理的难度增加。因此，有必要强化各地方政府的权责意识，赋予地方政府制定本地可再生能源政策的权力，让各省份的可再生能源政策更加符合本地的资源与经济条件，充分趋利避害。同时，需要有一个具有较大职权的能源管理部门来专门对各省份能源政策的制定与实施进行监管和协调，对全国的能源系统进行统一规划和管理，结束各部门权责不明、令出多门的局面，避免各省份各自为政，只顾局部利益的情况。此外，由一个强势的能源管理部门统一对全国的可再生能源项目进行审批和管理，监管可再生能源政策的执行，可以保证能源政策能够顺利执行，并实现预期的政策效果，从而改进能源政策的执行效率和效果。

（4）充分发挥市场的作用，培育可再生能源产业市场，建立商业化的可再生能源产业发展机制。对于新兴产业而言，初期的发展主要靠政府的引导和激励，而当产业发展到一定阶段以后，产业发展的主导权就要逐渐从政府交到市场的手中，政府将自己的角色转变为服务与监管的一方。影响中国可再生能源产业进一步发展的一个关键要素就是缺乏商业化的运作机制，而这一点已经在发达国家的可再生能源市场上取得了突破。从 2012 年开始，欧盟内部由政府主导的可再生能源产业投资已经逐步退出市场，企业逐渐成为可再生能源产业投资的主体，政府主要扮演调控和服务的角色，说明欧盟的可再生能源产业已经逐步走向成熟，商业化运营效果初步呈现。相比之下，中国在可再生能源产业的商业化运营道路上还有比较大的差距。此外，成熟的可再生能源商业化运营机制也离不开个人和居民的参与。在美、日、欧等国家和地区，政府对居民和商用建筑安装可再生能源发电项目有着较为明显的鼓励和支持，而且对居民和建筑安装可再生能源项目的剩余电力上网有着强制性的规定。在这样的氛围下，民间对可再生能源及其相关政策就有了更多的了解，对可再生能源产业的发展也会更加支持。中国虽然对居民和建筑可再生能源项目也有鼓励和补贴，但在剩余电力上网方面并没有明确和强制的措施，这对可再生能源产业的商业化运作也是十分不利的。

当前，中国可再生能源产业的发展主导权依然是掌握在政府手中，企业是在政府各种优惠政策的刺激和吸引下才投入到其中的。虽然说政府对可再生能源与设备的长期研发支持，以及政府对可再生能源推广的优惠政策是决定可再生能源产业在初期发展的关键，但政府不能一直为可再生能源产业的发展来输血，需要激活可再生能源产业自身的造血机制，即在政府的投资逐步退出市场和补贴力度逐渐降低的情况下，企业依然能够保持对可再生能源项目的投资力度，可再生能源项目依然能够独立运行。因此，政府在产业发展初期必须投入大量公共资金，对可再生能源技术和设备进行研发，对可再生能源市场进行引导，引导可再生能源产业由技术导向走向市场导向，以积极的金融和财税优惠政策，鼓励民营企业参与可再生能源的开发，促进可再生能源市场投资主体的多元化。随着可再生能源技术扩散进程的推进，政府逐渐放开，让产业自主发展，形成良性竞争循环，促进可再生能源产品价格的多元化和可再生能源产业的商业化。同时，积极进行社会引导，鼓励群众参与，让普通群众认识和接受可再生能源，愿意以可接受的代价来消费可再生能源，从而推动消费市场的商业化。

（5）完善可再生能源电力的电价形成机制、补贴机制和剩余电力收购机制，保障可再生能源能够实现长期可持续发展。当前，中国实行的是可再生能源固定上网电价机制，即先通过某种方法制定不同类型和地区的可再生能源标杆上网电价，然后对可再生能源的标杆上网电价与煤炭发电标杆上网电价的差额进行补贴。由于当前可再生能源的发展规模过快，在弃电现象严重的情况下，这种固定上网电价机制和差额补贴机制也使可再生能源的补贴缺口越来越大。虽然自征收可再生能源电价附加以来，征收标准已经上调了5次，但在当前的补贴政策下，2016年的可再生能源补贴缺口依然高达600亿元。目前的可再生能源电价补贴模式为差额补贴，即主要补贴可再生能源发电上网标杆电价与燃煤发电上网标杆电价的差额部分，这种补贴方式明显与电力市场化改革相背离，同时也增加了财政补贴的负担。虽然政策规定电网企业要优先收购可再生能源电力，但是在实际操作上，由于电力价格及输配电基础设施上的问题，仍然有相当一部分可再生能源电力无法上网，导致严重的弃电现象。

因此，有必要对当前的可再生能源电力补贴机制进行改革，将现行的差额补贴机制转变为定额补贴机制，减轻补贴带来的财政负担和用电单位的电力支出负担。而且随着可再生能源发电成本的不断降低，可再生能源的电力补贴也应当实时调整，逐步增强可再生能源的市场竞争力。探索建立可再生能源绿色证书市场交易机制，减少可再生能源发电并网的体制障碍。通过为化石能源发电企业和售电企业设定一定的可再生能源配额义务指标，然后具有可再生能源配额指标义务的企业如果无法完成相关义务，就必须通过购买绿色证书来完成应承担的可再生能源配额义务，这样在增加可再生能源补贴资金来源的同时，也可以保证可再生能源电力能够顺利上网，减少弃电现象。

（6）保持和扩大可再生能源产业投资规模，增强电网调峰能力和可再生能源吸纳能力。中国的可再生能源开发利用绩效与发达国家相比还有较大差距，尤其是在最为重要的能源绩效和经济绩效方面，仍然比较薄弱。一个主要的原因就是经济和能源消费规模太大且增长太快，从而导致可再生能源的投资、建设和生产规模相比于经济增长和能源消费规模的比例太小。未来要提升可再生能源的开发利用绩效，真正使可再生能源成为未来能源系统的主要能源来源，就必须继续扩大对可再生能源领域的投资和建设，提高可再生能源发电设备的利用率。虽然近年来中国一直在加强基础设施建设，但在电网建设方面一直比较落后，尤其是在偏远和落后地区，用电困难和电力供应不稳定仍然是常态化的问题。由于中国的可再生能源资源大多分布在人烟稀少、交通不便的偏远地区，因而可再生能源发电联网的基础设施建设也面临着难度大、成本高的问题。此外，可再生能源的间歇性和季节性问题对电网的调峰能力也提出了严峻的挑战。因此，建立覆盖范围更广、调峰能力更强更灵活的智能电网建设是非常必要的。为了克服可再生能源的分散性和间歇性，要继续推动储能技术突破，降低储能技术的应用成本，让储能技术和设备来吸纳多余的可再生能源电力。为了进一步促进可再生能源的就地消纳和利用，可以使用可再生能源来进行供暖、制氢，探索可再生能源就地消纳利用的新模式。与此同时，通过在落后偏远地区发展可再生能源，推行能源扶贫工程，可以有效改善当地的能源贫困状况，甚至创造更多的就业岗位，改变当地的落后面貌（廖华等，2015）。

7.4.2　不同类型可再生能源发展政策建议

针对不同类型可再生能源在开发利用中存在的问题，本书将分别针对不同类型的可再生能源，提出相应的发展政策与建议。

7.4.2.1　太阳能

在太阳能光伏产业上游的多晶硅市场上，2014 年，中国的 18 家多晶硅生产商贡献了全球 43% 的多晶硅市场份额，而且形成了一批国际领军型企业。然而，多晶硅市场的核心技术仍然掌握在国外企业中，虽然中国企业一直在努力尝试打破国外的技术壁垒，但中国生产的多晶硅在纯度上仍然比美国和德国的产品要低。国内的多晶硅想要占领市场高地，应该继续引进更加先进的技术，改进生产工艺，通过加强与下游的太阳能光伏组件和太阳能电池生产商，以及光伏发电企业之间的技术合作和创新，增强企业间的技术溢出效应。

在中游的光伏组件市场上，近年来，中国生产的光伏产品90%都用于出口，中国在国际光伏市场上的市场占有率一直保持在60%以上。不同于多晶硅市场，光伏产业作为劳动密集型产业，更加追求规模经济效应。因此，中国的光伏产品不断遇到来自美国、欧洲甚至亚洲市场的反倾销调查，并征收高额的反倾销和反补贴税。作为应对，国内的光伏组件生产商必须依靠技术进步，提升产品的技术含量，以此来反制国际反倾销和反补贴政策。

在太阳能光伏产业链的下游主要是光伏发电站，也是整个产业链中产生经济效益的主要环节。由于光伏发电产业属于资本和技术密集型产业，但在中国的光伏发电产业中，除了光伏产业发展初期由一些大型国有企业投资的光伏发电示范工程外，大多数的光伏发电投资者都是一些小规模的企业甚至是家庭或者个人，这些投资主体的投资规模非常有限，难以大规模地对太阳能进行开发和应用，需要鼓励和吸纳更多的社会主体参与到光伏发电产业的投资中。

中国的光伏产业虽然在近些年中取得了快速的发展，但从整个产业的生命周期来讲，依然处于初期发展阶段。从三个方面可以看出来：（1）缺乏正常的市场竞争，与化石能源发电产业相比，光伏产业在企业数量和企业规模上都有着不小的差距，缺乏足够的市场竞争来促使企业进行技术创新和降低成本；（2）光伏发电的规模非常有限，光伏发电量在全国总发电量中的比重还不足0.5%；（3）缺乏固定的消费群体，光伏发电并没有潜在的特定的客户群体，基本上都是用户自产自销（Zou et al.，2017）。

7.4.2.2 风能

风能产业也是中国可再生能源产业发展的主力军之一。近十多年来，中国的风能产业经历了从无到有、从弱小到强大的发展过程。到2015年，中国的风能发电装机容量已经达到140吉瓦，连续多年位居世界首位。而且，目前在世界排名前十的风能设备制造商中，有五个都是在中国。

然而，虽然中国的风能产业取得了惊人的发展，但是从技术水平和成本竞争力上来看，中国的风能产业仍然要远远落后于发达国家。中国风能产业方面的技术专利不仅在数量上远远落后于欧洲的风力大国，而且中国风能技术专利在国外的被引数量也非常有限。此外，中国生产的风力发电设备虽然在短期内具备一定的成本优势，但是由于事故率水平居高不下，从长远来看，中国的风能产业依然无法与欧洲传统的风电大国相抗衡（Lam et al.，2017）。因此，风能技术的进步和创新仍然是决定中国风能产业进一步发展的关键要素。

此外，与风电装机规模的迅猛发展相比，风电上网电量的增长并不明显。以2014年为例，根据国家能源局的数据，当年全国风电并网容量增长了23%，但并网电量仅仅增长了8.8%，二者之间的增长规模并不匹配。这其中有两方面的原因：一是弃风现象严重。在国家能源局公布的2015年风电产业发展情况中，全国平均弃风率超过了15%，远远超出了欧洲风电强国3%的水平，个别省份的弃风率甚至接近40%；二是风电平均利用小时数也在逐年下降。根据国家能源局发布的2014年全国风电发电设备平均利用小时情况，2014年风电设备的平均利用小时数仅有1905个小时，比上一年降低了120个小时。因此，对于风能产业而言，风电并网和设备利用率的提高就显得非常紧迫。

7.4.2.3　水能

与光伏发电和风电产业不同的是，中国在水电产业的发展上已经积累了几十年的经验，尤其是在技术施工水平上，已经处于世界领先水平。目前，在国家“一带一路”倡议的带动下，中国的水电企业在国际市场上更加具有竞争力，已经与非洲、东南亚、南亚及中东地区的80多个国家建立了水电投资、规划和建设合作关系，在国际水电市场上占据了超过50%的市场份额。尤其是在亚洲、非洲和南美洲，水电的开发程度目前还比较低，有着广阔的市场前景。

但是，中国的水电资源的开发也面临着一系列的问题：（1）中国70%以上的水电资源分布在西南地区的云、贵、川、藏等地区，面临着复杂的地质环境和气候条件，技术难度和建设成本不断增加，对安全问题和投资提出了更高的要求；（2）水电开发项目逐渐向少数民族地区和欠发达地区转移，除了要承担发电功能以外，还要承担带动当地经济发展的任务，而且要更加妥善地处理移民安置问题；（3）复杂的地质环境使环境敏感因素增多，给当地的环境保护工作带来了更大的压力。

因此，在未来的水电开发中，必须要采用更加先进的技术，投入更多的人力、物力和财力，妥善解决移民安置问题、工程安全问题及环境保护问题（王思童，2016）。

7.4.2.4 生物质能

目前，中国虽然是世界上第三大燃料乙醇生产国，但在生产规模上，中国要远远落后于巴西和美国，而且在生物柴油的生产和消费规模上，中国更是远远落后于其他国家（Chen et al.，2016）。2013年，中国的生物质能利用量为0.33亿吨标准煤，占全部能源消费的0.9%，而当年可利用的生物质资源高达4.6亿吨，意味着当年绝大部分的生物质资源被丢弃或者没有得到有效利用（Lin & He，2017）。

实际上，中国的生物质能产业也面临着一系列的问题：（1）为了保障粮食安全，能源作物种植面积非常有限，只能以农作物秸秆和生活垃圾作为生物质能的主要来源，但这些来源能源密度低，空间分布比较分散，增加了物流运输成本；（2）生物质能原材料受自然和季节影响比较大，在供应方面具有明显的不稳定性和间歇性，使生物质能发电企业难以获得相应的利润；（3）能源作物的种植可能会影响到生物物种的多样性，降低生态价值，而且液体生物燃料的生产和使用也会产生一定的废水和废渣，对环境产生一些不利的影响（刘旭等，2014）。

因此，发展生物质能首先要解决能源来源的问题，对农业林业资源、生活垃圾、人畜粪便等生物质能来源进行统计和调查，研究其具体的能源密度、季节变化和运输方案；其次，在保证粮食安全的前提下，对土地资源的质量进行评价，尝试在一些不合适种植粮食作物的土地上种植合适的能源作物，并逐步推广；最后，改进生物燃料的生产流程，完善技术标准，降低燃料生产过程中的污染物排放。

7.5　本章小结

本章介绍了美国、日本、欧盟等发达国家和地区的可再生能源政策和各自的特点，并将中国的可再生能源政策与之进行了对比，发现中国的可再生能源政策在政策性质、内容侧重和实施范围上都存在显著的差异。本章对当前中国可再生能源产业的现状和问题，针对性地提出了中国可再生能源产业发展的政策建议，尤其是要在可再生能源管理和政策立法上加大力度，完善能源管理体制，突破关键和核心技术，改革可再生能源的补贴机制。

第8章 结论与展望

本章对全书的研究工作和主要内容进行了归纳，总结了本书的主要研究内容和相关研究结论，归纳出了本书的主要创新点，对本书研究的局限性进行了分析，并指出了未来的研究方向。

8.1 主要研究结论

中国作为能源消费和碳排放大国，面临着严峻的能源安全形势和巨大的碳排放压力。而且，由化石能源大量消费而引发的环境污染也愈发严重，酸雨、雾霾等环境问题严重困扰着国民经济的运行和人民群众的健康。可再生能源是未来能源系统最为理想的替代能源，也是解决能源安全、环境污染与气候变化的最佳选择方案。因此，近年来，可再生能源产业在中国有了突飞猛进的发展。但中国的可再生能源开发利用绩效与世界主要国家相比究竟如何？影响中国可再生能源产业发展的主要因素有哪些？围绕这两个关键问题，本书基于可持续发展的视角，提出了包括能源绩效、经济绩效、技术绩效、社会绩效和环境绩效五个维度的可再生能源开发利用绩效评价指标体系；然后建立了一种改进的集成评价模型（AGA-EAHP-EM-TOPSIS-PROMETHEE），对包括中国在内的13个国家在2004~2016年的可再生能源开发利用绩效进行了综合评价；为了识别影响中国可再生能源产业发展的因素，本书使用Fuzzy-DEMATEL模型，对影响中国可再生能源产业的关键影响要素进行了分析；基于可再生能源开发利用绩效的评价结果和可再生能源产业发展的关键要素识别，并在借鉴国外发达国家的可再生能源产业发展经验的基础之上，对中国的可再生能源产业进行了评述，并提出了相应的政策建议，为可再生能源产业的持续与健康发展提供参考和借鉴。

本书的主要研究结论如下。

（1）可再生能源开发利用绩效是一个多维度的概念，是资源、经济、技术、社会、环境等多方面因素彼此交互作用的结果。在梳理前人关于可再生能源开发利用绩效相关研究的基础上，本书发现，虽然可再生能源开发利用绩效的核心是可再生能源的建设与经济产出，但是从可持续发展的视角来看，可再生能源的建设与生产过程中必然会与社会、技术、自然环境等因素产生相互作用。因此，本书认为，可再生能源开发利用绩效的内涵涉及资源、经济、技术、社会、环境等多个方面。

（2）可再生能源开发利用绩效评价指标体系由能源绩效、经济绩效、技术绩效、社会绩效和环境绩效五个维度18个指标构成。基于可再生能源开发利用绩效的内涵，本书对可再生能源开发利用绩效的内涵进行了全面和系统的概括，将其概括为能源绩效、经济绩效、技术绩效、社会绩效和环境绩效五个维度，并建立了包括五个维度18个指标的可再生能源开发利用绩效评价指标体系。

（3）综合考虑各种多准则决策方法的优缺点，建立了一种可再生能源开发利用绩效集成评价模型：AGA-EAHP-EM-TOPSIS-PROMETHEE模型。通过分析各种现有评价方法的特点和优势，本书将基于加速遗传算法的改进层次分析法（AGA-EAHP）、熵值法（EM）、逼近理想解的排序方法（TOPSIS）与偏好顺序结构评估法（PROMETHEE）等多种方法进行集成，构建了适用于多准则评价的AGA-EAHP-EM-TOPSIS-PROMETHEE集成评价模型。

（4）运用AGA-EAHP-EM-TOPSIS-PROMETHEE集成评价模型，对13个国家的可再生能源开发利用绩效进行综合评价。可再生能源开发利用绩效综合评价的研究结果表明，绝大多数国家的可再生能源开发利用绩效都呈现出上升的态势，其中，巴西和加拿大的可再生能源开发利用绩效最好，而南非的可再生能源开发利用绩效最差，中国的可再生能源开发利用绩效处于中游水平，但与发达国家相比在某些方面还存在一些差距。

（5）运用 Fuzz DEMATEL 模型识别出限制中国可再生能源产业发展的关键要素，分别是成本高昂、缺乏商业化运作机制和关键核心技术。基于 Fuzzy-DEMATEL 模型，识别出影响可再生能源产业发展的 10 个原因要素和 8 个结果要素。结论表明，可再生能源市场增长、可再生能源技术的成熟、政府政策的大力支持和可再生能源设备制造业的快速发展是推动中国可再生能源产业发展的最重要的四大因素；可再生能源建设与发电成本昂贵、缺乏商业化运作机制、关键与核心技术缺乏是限制中国可再生能源产业发展的核心要素。

（6）中国与发达国家的可再生能源政策在诸多方面存在明显的差异。首先，美国、日本、欧盟等发达国家和地区的能源政策法律体系较为完善，而中国目前的可再生能源法律法规体系建设仍有待进一步加强；其次，大多数发达国家的可再生能源政策都会详细地阐述各项可再生能源政策的具体目标和执行细则，而中国的可再生能源政策在执行过程中监管机制相对缺失；另外，欧美国家由于行政组织机构相对扁平化，政策指令的制定、传达和执行更加通畅，而中国由于国土面积广阔，各省份在资源、经济和技术水平上差异巨大，增加了政策协调的难度。

（7）为了促进中国可再生能源产业的健康和可持续发展，必须对当前可再生能源政策和管理体制上的诸多漏洞进行改革。中国目前的可再生能源政策与管理体制还有诸多不完善的地方，目前，最为迫切的就是要加强可再生能源政策的立法和修订工作，强化可再生能源政策的法律地位；完善可再生能源的管理机制，根据各个地区的实际情况来制定相应的政策，保障可再生能源政策能够得到有效落实；尽快改变当前的可再生能源补贴政策，探索建立可再生能源绿色证书市场交易机制；减少可再生能源发电并网的体制障碍，探索可再生能源就地吸纳的新模式。

8.2 研究创新

本书的创新点主要体现在以下几个方面。

（1）基于现有研究，重新给出了可再生能源开发利用绩效的内涵，并据此建立包括五个维度18个指标的可再生能源开发利用绩效评价指标体系。本书对现有的可再生能源开发利用绩效的相关研究进行了梳理，发现现有研究大多聚焦于可再生能源开发利用的能源绩效、经济绩效或者环境绩效，很少有研究涉及可再生能源开发利用的社会绩效与技术绩效，而且将这五个绩效维度进行综合评价的研究比较缺乏。因此，本书从可持续发展的视角出发，将可再生能源开发利用绩效概括为：在考虑自然、地理、经济、技术等条件的情况下可再生能源开发利用的投入与产出效率，以及开发利用过程中对社会和环境带来的外部性影响，并以此为基础建立了包括能源绩效、经济绩效、技术绩效、社会绩效和环境绩效五个维度18个指标的可再生能源开发利用绩效评价指标体系，能够更加全面地反映可再生能源开发利用绩效的内涵。

（2）建立了AGA-EAHP-EM-TOPSIS-PROMETHEE集成评价模型，验证了TOPSIS-PROMETHEE模型的科学性，并基于此模型从横向对比研究和纵向趋势研究上拓展了对可再生能源开发利用绩效的评价。现有研究大多是使用某种相对单一的方法，来对某个国家或者地区在某个时间点的可再生能源开发利用绩效进行研究，缺乏多个国家在一段时期内的连续性研究。本书建立了AGA-EAHP-EM-TOPSIS-PROMETHEE集成评价模型，验证了TOPSIS-PROMETHEE集成模型的科学性，并以13个国家为研究对象，既包括发达国家，也包括发展中国家，从横向对比和纵向趋势两个方向上，对这13个国家2004～2016年的可再生能源开发利用绩效进行了综合评价。

（3）运用SWOT分析和Fuzzy-DEMATEL模型，识别出了影响中国可再生能源产业发展的关键要素。现有相关研究大多使用定性化的方法来梳理和归纳影响可再生能源产业发展的相关要素，缺乏定量化的影响因素确定和关键要素识别。本书在使用 SWOT 分析工具确定影响可再生能源产业发展的优势、劣势、机会、威胁等各种内外部因素之后，又运用 Fuzzy-DEMATEL 模型对这些因素之间的影响关系进行了分析，最终识别出推动中国可再生能源产业发展的关键要素和阻碍中国可再生能源产业进一步发展的核心要素，为可再生能源产业可持续发展的政策制定提供了一定的科学依据。

8.3 研究局限与展望

本书通过建立包括五个维度的可再生能源开发利用绩效评价指标体系，使用 AGA-EAHP-EM-TOPSIS-PROMETHEE 集成评价模型来对 13 个国家 2004～2016年的可再生能源开发利用绩效进行综合评价。之后，使用 SWOT 分析对中国可再生能源产业发展的影响因素进行了归纳和总结，并使用 Fuzz DEMATEL 模型识别出中国可再生能源产业发展的关键要素。但是，本书在以下方面还存在一些不足。

（1）学者们对可再生能源开发利用绩效内涵的解析尚未达成共识，对多准则决策方法的组合与集成可能也存在一些争议。事实上，这是社会科学领域研究经常出现的一个问题，随着研究的逐渐深入和社会的进一步发展，这一问题会逐渐形成共识，并得到研究者和政策制定者的认可。因此，本书虽然对可再生能源开发利用绩效内涵的认识和评价方法的集成进行了一些有益的探索和尝试，但仍然有待实践的进一步检验。

（2）在指标的选择和衡量上存在一些不足。由于一些指标数据缺乏，导致无法直接测量，从而在综合评价中无法直观地体现出来。例如，在经济绩效的指标中，可再生能源产业增加值原本可以很好地反映可再生能源产业发展的经济效益，但是由于缺乏相关数据，无法进行量化，因而无法发挥作用。希望今后能够查阅到更多的资料，获取到相关数据，或者使用更为合适的替代数据来进行研究。

（3）在评价对象的选取上，未能对部分可再生能源产业发展较好的国家进行研究。很多北欧国家，如丹麦、冰岛、瑞典、芬兰、挪威等国，这些国家的可再生能源开发利用绩效的绩效水平相当高，也是世界各国学习的榜样。但由于本书涉及的指标众多，而这些国家在经济规模和能源消费规模上又比较小，很多指标的数据在相关统计资料中缺失，数据收集难度大。本书在最初进行研究设计的时候，虽然也打算对这些国家的可再生能源开发利用绩效进行研究，但最终由于这些国家在数据上的缺失而不得不放弃。在今后的研究中，可以尝试查找更多的资料，或者从现有的相关文献中获取相关资料，来对类似国家的可再生能源产业发展情况进行深入的了解和分析。

参考文献

［1］崔民选，王军生，陈义和．中国能源发展报告2013［R］．北京：社会科学文献出版社，2013.

［2］白玉红．海上可再生能源开发评价与结构优化［D］．大连理工大学，2013.

［3］蔡立亚，郭剑锋，姬强．基于G8与BRIC的新能源及可再生能源发电绩效动态评价［J］．资源科学，2013，35（2）：250－260.

［4］陈博．中国贡献闪耀国际可再生能源市场［N］．经济日报，2016－11－17.

［5］陈栋．海上可再生能源开发的综合评价与结构优化研究［D］．大连理工大学，2012.

［6］陈立敏，杨振．我国钢铁行业的国际竞争力分析：基于灰色关联度和理想解法的组合评价［J］．2011（9）：3－13.

［7］陈明燕．风电项目社会效益综合评价研究［D］．西南石油大学，2012.

［8］邓雅蔓．摆脱化石燃料，风力与光伏发电成本25年持续下降．界面新闻2016年8月16日．http://www.jiemian.com/article/800233.html

［9］丁怡婷．2017年可再生能源发电量1.7万亿千瓦时，弃风弃光率均下降［N］．人民日报．2018－1－26.

［10］董福贵，时磊，吴南南．基于DEA-TOPSIS－时间序列的风电绩效动态评价［J］．电力科学与工程，2018，34（11）：24－33.

［11］杜栋．现代综合评价方法与案例精选［M］．北京：清华大学出版社，2005.

［12］段歆涔．《自然》称中国树立可再生能源标杆［N］．中国科学报，

2014-9-24.

［13］范英，吴方卫，尚登贤．中国液态生物质燃料的潜力测算［J］．中国人口·资源与环境，2011，21（10）：160-166.

［14］方国昌，田立新，傅敏，等．新能源发展对能源强度和经济增长的影响［J］．系统工程理论与实践，2013，33（11）：2795-2803.

［15］方建鑫．考虑指标偏好间关联的新能源发电绩效评价及其在江苏省的应用［D］．南京航空航天大学，2013.

［16］付娟，金菊良，魏一鸣，等．基于遗传算法的中国清洁能源需求Logistic预测模型［J］．水电能源科学，2010，28（9）：181-184.

［17］郭露．未来五年可再生能源预计在全球电力供应增长中占据榜首位置［EB/OL］．前瞻产业研究院，2016-2-22.

［18］郭越，王占坤．中欧海上风电产业发展比较［J］．中外能源，2011，16（3）：26-30.

［19］胡殿刚，张雪佼，陈乃仕，等．新能源发电项目多维度后评价方法体系研究［J］．电力系统保护与控制，2015，43（4）：10-17.

［20］胡丽霞．北京农村可再生能源产业化发展研究［D］．河北农业大学，2008.

［21］黄鹤．国际贸易对我国新能源产业发展的影响及对策研究［J］．价格月刊，2015（3）：73-76.

［22］姜雅．中日两国在新能源及环境保护领域合作的现状与展望［J］．国土资源情报，2007（5）：16-20.

［23］金菊良，杨晓华，丁晶．标准遗传算法的改进方案——加速遗传算法［J］．系统工程理论与实践，2001，4（4）：8-13.

［24］廖华，唐鑫，魏一鸣．能源贫困研究现状与展望［J］．中国软科学，2015（8）：58-71.

［25］刘光旭，吴文祥，张绪教，周扬．GIS技术支持下的江苏省可用风能资源评估研究［J］．可再生能源，2010，28（1）：109-114.

［26］刘莉．我国已基本形成可再生能源完整产业链［N］．科技日报，

2013－8－27.

［27］刘琳．新能源风电发展预测与评价模型研究［D］．华北电力大学，2013.

［28］刘旭，王岱，蔺雪芹．中国生物质能产业发展制约因素解析和对策建议［J］．资源与产业，2014，16（2）：20－26.

［29］娄伟，李萌．基于SEE－2R模型的可再生能源开发的可持续性评价［J］．中国人口、资源和环境，2010，20（6）：34－40.

［30］路晓崇，黄元炯，宋朝鹏，等．基于模糊DEMATEL的烤烟烘烤影响因素分析［J］．烟草科技，2015，48（9）．

［31］马芸菲．弃风弃光弃水加剧，电力行业“未富先奢”为哪般？［N］．中国经济导报，2016－2－26.

［32］牛昊晗．我国新能源产业核心竞争力评价研究［D］．陕西科技大学，2013.

［33］沈时兴，周玉良，魏一鸣，等．中国小水电开发利用Logistic预测模型［J］．水电能源科学，2010，28（11）：113－115.

［34］苏为华．多指标综合评价理论与方法问题研究［D］．厦门大学，2000.

［35］田立新，许培琳，傅敏．基于实物期权的中国风电发展政策评估［J］．管理学报，2013，10（2）：266－273.

［36］汪哲荪，金菊良，魏一鸣，等．基于自助法的中国水电能资源开发利用Logistic预测［J］．水电能源科学，2010，28（10）：151－153.

［37］王伯春．新能源系统社会评价模型方法研究［J］．能源研究与利用，2004（6）：20－24.

［38］王斐斐．吉林省新能源产业发展路径与对策研究［D］．长春工业大学，2014.

［39］王思童．中国水电发展仍任重道远［J］．电器工业，2016，3：35－36.

［40］王小琴，贺亚锋，余敬，等．煤炭安全评价：模型、集成算法与应用［J］．数学的实践与认识，2014（19）：99－106.

［41］王晓苏．地热能是日本的最佳选择［J］．地热能，2011（4）：31－31.

［42］魏一鸣，吴刚，刘兰翠，等．能源—经济—环境复杂系统建模与应用进展［J］．管理学报，2005，2（2）：159－170.

［43］肖娜．吉林省新能源产业发展政策研究［D］．吉林财经大学，2016.

［44］谢传胜，贾晓希，董达鹏，等．基于DEA的可再生能源发电技术经济效益评价［J］．水电能源科学，2012，30（7）：204－206.

［45］杨泽伟．发达国家新能源法律与政策研究［M］．武汉：武汉大学出版社，2011.

［46］姚金楠．2016年风光水“三弃”近1100亿度，比当年三峡发电量还多［N］．中国能源报，2017－2－29.

［47］尹深，仝宗莉．中国大陆在建核电机组24台，数量居世界第一位［EB/OL］．人民网，2016－1－27.

［48］余敬，王小琴，张龙．2AST能源安全概念框架及集成评价研究［J］．中国地质大学学报（社会科学版），2014，14（3）：70－77.

［49］余水工．我国弃水弃风弃光严重现状及原因浅析［EB/OL］．前瞻产业研究院，2016－3－2.

［50］虞晓芬，傅玳．多指标综合评价方法综述［J］．统计与决策，2004（11）：119－121.

［51］袁丹丹．我国风力发电绩效动态评价模型及绩效提升策略研究［D］．华北电力大学，2017.

［52］张龙，余敬，王小琴，等．我国主要金属矿产安全评价：模型与方法［J］．国土资源科技管理，2014，31（6）：80－89.

［53］张宪昌．中国新能源产业发展政策研究［D］．中共中央党校，2014.

［54］章玲，方建鑫，周鹏．IVTI方法及其在新能源发电绩效评价中的应用［J］．系统工程，2013，31（11）：108－115.

［55］章玲，方建鑫，周鹏．新能源发电绩效评价研究综述：基于多指

标评价方法 [J]. 技术经济与管理研究，2014 (1)：3 - 8.

[56] 赵建达. 日本水电的发展 [N]. 水利水电快报，2007，28 (18)：7 - 10.

[57] 赵中华. 中国城市清洁能源评价方法研究 [D]. 北京化工大学，2007.

[58] 朱真."阳光计划"与"月光计划"——面向二十一世纪的日本新能源战略 [J]. 宏观经济研究，1985 (4)：19 - 22.

[59] Afgan N H，Carvalho M G. Multi-criteria assessment of new and renewable energy power plants [J]. Energy，2002，27 (8)：739 - 755.

[60] Ahmed S，Islam M T，Karim M A，et al. Exploitation of renewable energy for sustainable development and overcoming power crisis in Bangladesh [J]. Renewable Energy，2014，72：223 - 235

[61] Akella A K，Saini R P，Sharma M P. Social，economical and environmental impacts of renewable energy systems [J]. Renewable Energy，2009，34 (2)：390 - 396

[62] Al-Badi A H，Malik A，Gastli A. Assessment of renewable energy resources potential in Oman and identification of barrier to their significant utilization [J]. Renewable and Sustainable Energy Reviews，2009，13 (9)：2734 - 2739.

[63] Ali A，Saqlawi J A. Factors influencing renewable energy production & supply—A global analysis [C] // EGU General Assembly Conference. EGU General Assembly Conference Abstracts，2016.

[64] Anagreh Y，Bataineh A，Al-Odat M. Assessment of renewable energy potential，at Aqaba in Jordan [J]. Renewable and Sustainable Energy Reviews，2010，14 (4)：1347 - 1351.

[65] Anagreh Y，Bataineh A. Renewable energy potential assessment in Jordan [J]. Renewable and Sustainable Energy Reviews，2011，15 (5)：2232 - 2239.

[66] Anand，G.，Kodali，R. Selection of lean manufacturing systems using the PROMETHEE [J]. Journal of Modelling in Management，2008，3 (1)，40 - 70.

[67] Apte J S, Marshall J D, Cohen A J, et al. Addressing global mortality from ambient PM2. 5. [J]. Environmental Science Technology, 2015, 49 (13): 8057 -8066.

[68] Ardente F, Beccali M, Cellura M, et al. Energy performance and life cycle assessment of an Italian wind farm [J]. Renewable and Sustainable Energy Reviews, 2008, 12 (1): 200 -217.

[69] Arribas L, Cano L, Cruz I, et al. An PV-wind hybrid system performance: A newapproach and a case study [J]. Renewable Energy, 2010, 35 (1): 128 -137.

[70] Asdrubali F, Baldinelli G, D' Alessandro F, et al. Life cycle assessment of electricity production from renewable energies: Review and results harmonization [J]. Renewable and Sustainable Energy Reviews, 2015, 42: 1113 -1122.

[71] Baran B, Mamis M S, Alagoz B B. Utilization of energy from waste potential in Turkey as distributed secondary renewable energy source [J]. Renewable Energy, 2016, 90: 493 -500.

[72] Baris K, Kucukali S. Availability of renewable energy sources in Turkey: Current situation, potential, government policies and the EU perspective [J]. Energy Policy, 2012, 42: 377 -391.

[73] Basaran S T, Dogru A O, Balcik F B, et al. Assessment of renewable energy potential and policy in Turkey-Toward the acquisition period in European Union [J]. Environmental Science & Policy, 2015, 46: 82 -94.

[74] Benli H. Potential of renewable energy in electrical energy production and sustainable energy development of Turkey: Performance and policies [J]. Renewable Energy, 2013, 50: 33 -46.

[75] Bilandzija N, Voca N, Jelcic B, et al. Evaluation of Croatian agricultural solid biomass energy potential [J]. Renewable and Sustainable Energy Reviews, 2018, 93: 225 -230.

[76] Boyle G. Renewable Energy [M]. UK: Oxford University Press, 2004.

［77］ Brans J P. L'ingénierie de la décision. L'élaboration d'instruments d'aide à la décision ［M］. University Laval, Quebec, 1982.

［78］ Brans J P, Vincke P. A Preference ranking organisation method: The PROMETHEE method for multiple criteria decision-making ［J］. Management Science, 1985, 31 (6): 647 -656.

［79］ Byrne J, Zhou A M, Shen B, et al. Evaluating the potential of small-scale renewable energy options to meet rural livelihoods needs: A GIS and lifecycle cost-based assessment of western China's options ［J］. Energy Policy, 2007, 35 (8): 4391 -4401.

［80］ Caliskan H, Dincer I, Hepbasli A. Exergoeconomic and environmental impact analyses of a renewable energy based hydrogen production system ［J］. International Journal of Hydrogen Energy, 2013, 38 (14): 6101 -6111.

［81］ Carley S. State renewable energy electricity policies: An empirical evaluation of effectiveness ［J］. Energy Policy, 2009, 37 (8): 3071 -3081.

［82］ Chen F, Lu S M, Tseng K T, et al. Assessment of renewable energy reserves in Taiwan ［J］. Renewable and Sustainable Energy Reviews, 2010, 14 (9): 2511 -2528.

［83］ Chen H, Xu M, Guo Q, et al. A review on present situation and development of biofuels in China ［J］. Journal of the Energy Institute, 2016, 89 (2): 248 -255.

［84］ Chen S Q, Chen B, Fath B D. Assessing the cumulative environmental impact of hydropower construction on river systems based on energy network model ［J］. Renewable and Sustainable Energy Reviews, 2015, 42: 78 -92.

［85］ Chen Y, Ebenstein A, Greenstone M, Li H. Evidence on the impact of sustained exposure to air pollution on life expectancy from China's Huai River policy ［J］. Proceedings of the National Academy of Sciences, 2013, 110 (32): 12936 -12941.

［86］ Chou Y C, Sun C C, Yen H Y. Evaluating the criteria for human resource for science and technology (HRST) based on an integrated fuzzy AHP and fuzzy DEMATEL approach [J]. Applied Soft Computing, 2012, 12 (1): 64-71.

[87] Chowdhury S H, Oo A M T. Study on electrical energy and prospective electricity generation from renewable sources in Australia [J]. Renewable and Sustainable Energy Reviews, 2012, 16 (9): 6879-6887.

[88] Connolly D, Lund H, Mathiesen B V. Smart energy europe: The technical and economic impact of one potential 100% renewable energy scenario for the European Union [J]. Renewable and Sustainable Energy Reviews, 2016, 60: 1634-1653.

[89] Dai H, Herran D S, Fujimori S, et al. Key factors affecting long-term penetration of global onshore wind energy integrating top-down and bottom-up approaches [J]. Renewable Energy, 2016, 85: 19-30.

[90] de Alwis A. Biogas—A review of Sri Lanka's performance with a renewable energy technology [J]. Energy for Sustainable Development, 2002, 6 (1): 30-37.

[91] de Oliveira J F G, Trindade T C G. Sustainability performance evaluation of renewable energy sources: The case of Brazil [M]. Springer International Publishing, 2018.

[92] Dimitrijevic Z, Salihbegovic I. Sustainability assessment of increasing renewable energy sources penetratione JP Elektroprivreda B & H case study [J]. Energy, 2012, 47 (1): 205-212.

[93] Duffield J A, Collins K. Evolution of renewable energy policy [J]. Choices the Magazine of Food Farmand Resource Issues, 2006 (1): 9.

[94] Egnell G, Laudon H, Rosvall O. Perspectives on the potential contribution of Swedish forests to renewable energy targets in Europe [J]. Forests, 2011, 2 (2): 578-589.

[95] Erdogdu E. On the wind energy in Turkey [J]. Sustainable Energy Reviews, 2009, 13 (6-7): 1361-1371.

[96] European Commission. Communication from the Commission Energy for the future: Renewable sources of energy white: Paper for a community strategy [R]. Brussels, 1997.

[97] European Commission. Communication from the commission to the European parliament, the council, the economic and social committee and the committee of the regions on alternative fuels for road transportation and on a set of measures to promote the use of biofuels [R]. Brussels, 2001.

[98] European Commission. EU energy in figures statistical pocketbook 2013 [R]. EU Publications Office, 2013: 35-56

[99] Falatoonitoosi E, Ahmed S, Sorooshian S. Expanded DEMATEL for Determining cause and effect group in bidirectional relations [J]. Scientific World Journal, 2014, 2014 (2014): 29-29.

[100] Farooq M K, Kumar S. An assessment of renewable energy potential for electricity generation in Pakistan [J]. Renewable and Sustainable Energy Reviews, 2013, 20: 240-254.

[101] Fazelpour F, Soltani N, Soltani S, et al. Assessment of wind energy potential and economics in the north-western Iranian cities of Tabriz and Ardabil [J]. Renewable and Sustainable Energy Reviews, 2015, 45: 8-99.

[102] Ferreira L, Borenstein D, Santi E. Hybrid fuzzy MADM ranking procedure for better alternative discrimination [J]. Engineering Applications of Artificial Intelligence, 2016, 50 (C): 71-82.

[103] Fertel C, Bahn O, Vaillancourt K, et al. Canadian energy and climate policies: A SWOT analysis in search of federal/provincial coherence [J]. Energy Policy, 2013, 63 (3): 1139-1150.

[104] Fontela E, Gabus A. The DEMATEL Observe [M]. Battelle Institute, Geneva Research Center, 1976.

[105] Forsberg C W. Sustainability by combining nuclear, fossil, and renewable energy sources [J]. Progress in Nuclear Energy, 2009, 51 (1): 192-200.

[106] Friedmann P A, Mayer D G. Energy tax credits in the energy tax act of 1978 and the crude oil windfall profits tax act of 1980 [J]. Harv. j. onLegis, 1980, 17 (3): 465 -504.

[107] Gabus A, Fontela E. World problems an invitation to further thought within the framework of DEMATEL [M]. Battelle Geneva Research Centre, Switzerland Geneva, 1972.

[108] Gabus A, Fontela E. Perceptions of the World Problematique: Communication Procedure [M]. Communicating with Those Bearing Collective Responsibility, 1973.

[109] Garg H P, Kumar Rakesh. Potential assessment of renewable energy technologies in CO_2 Emission mitigation in domestic sector of India [R]. Word Renewable Energy Congress (A. A. M. Sayigh) New Delhi, India, 2000.

[110] Ghorbani M, Bahrami M, Arabzad S M. An integrated model for supplier selection and order allocation; using shannon entropy, SWOT and linear programming [J]. Procedia-Social and Behavioral Sciences, 2012, 41 (41): 521 -527.

[111] Godden J W, Stahura F L, Bajorath J. Variability of molecular descriptors in compound databases revealed by Shannon entropy calculations [J]. Journal of Chemical Information & Computer Sciences, 2000, 40 (3): 796 -800.

[112] Gracceva F, Zeniewski P. A systemic approach to assessing energy security in a low-carbon EU energy system [J]. Applied Energy 2014, 123 (15): 335 -348.

[113] Grigoras G, Scarlatache F. An assessment of the renewable energy potential using a clustering based data mining method—Case study in Romania [J]. Energy, 2015, 81: 416 -429.

[114] Guggenberger J D, Elmore A C, Crow M L. Predicting performance of a renewable energy-powered microgrid throughout the United States using typical meteorological year 3 data [J]. Renewable Energy 2013, 55: 189 -195.

[115] Gyamfi S, Modjinou M, Djordjevic S. Improving electricity supply security in Ghana —The potential of renewable energy [J]. Renewable and Sustainable Energy Reviews, 2015, 43: 1035 - 1045.

[116] Hadian S, Madani K. A system of systems approach to energy sustainability assessment: Are all renewables really green? [J]. Ecological Indicators, 2015, 52: 194 - 206.

[117] Haidar A M A, John P N, Shawal M. Optimal configuration assessment of renewable energy in Malaysia [J]. Renewable Energy, 2011, 36 (2): 881 - 888.

[118] Harrouz A, Abbes M, Colak I, et al. Smart grid and renewable energy in Algeria [C]. 2017 IEEE 6th International Conference on Renewable Energy Research and Applications (ICRERA) . IEEE, 2017: 1166 - 1171.

[119] He Z X, Xu S C, Shen W X, et al. Review of factors affecting China's offshore wind power industry [J]. Renewable & Sustainable Energy Reviews, 2016, 56: 1372 - 1386.

[120] Heo E, Kim J, Boo K J. Analysis of the assessment factors for renewable energy dissemination program evaluation using fuzzy AHP [J]. Renewable and Sustainable Energy Reviews, 2010, 14 (8): 2214 - 2220.

[121] Hepbasli A. A key review on exergetic analysis and assessment of renewable energy resources for a sustainable future [J]. Renewable and Sustainable Energy Reviews, 2008, 12 (3): 593 - 661.

[122] Hilton I, Kerr O. The Paris agreement: China's 'new normal' role in international climate negotiations [J]. Climate Policy, 2017, 17 (1): 48 - 58.

[123] Hong L X, Zhou N, Fridley D, et al. Assessment of China's renewable energy contribution during the 12th Five Year Plan [J]. Energy Policy, 2013, 62: 1533 - 1543.

[124] Hong T, Koo C, Kwak T, et al. An economic and environmental assessment for selecting the optimum new renewable energy system for educational facility [J]. Renewable and Sustainable Energy Reviews, 2014, 29: 286 - 300.

[125] Hoogwijk M, Graus W. Global potential of renewable energy sources: A literature assessment [R]. Report prepared for Renewable Energy Network (REN-21), Paris: 2008.

[126] Hossain A K, Badr O. Prospects of renewable energy utilisation for electricity generation in Bangladesh [J]. Renewable and Sustainable Energy Reviews, 2007, 11 (8): 1617 - 1649.

[127] Hossain M, Mekhilef S, Olatomiwa L. Performance evaluation of a stand-alone PV-wind-diesel-battery hybrid system feasible for a large resort center in South China Sea, Malaysia [J]. Sustainable cities and society, 2017, 28: 358 - 366.

[128] Hosseini R, Soltani M, Valizadeh G. Technical and economic assessment of the integrated solar combined cycle power plants in Iran [J]. Renewable Energy, 2005, 30 (10): 1541 - 1555.

[129] Hsu C Y, Chen K T, Tzeng G H. FMCDM with fuzzy DEMATEL approach for customers' choice behavior model [J]. International Journal of Fuzzy Systems, 2007, 9 (4): 236 - 246.

[130] Huang C Y, Shyu J Z, Tzeng G H. Reconfiguring the innovation policy portfolios for Taiwan's SIP Mall industry [J]. Technovation, 2007, 27 (12): 744 - 765.

[131] Hwang C L, Lai Y J, Liu T Y. A new approach for multiple objective decision making [J]. Computers & Operations Research, 1993, 20 (8): 889 - 899.

[132] Hwang C L, Yoon K. Multiple attribute decision making: Methods and applications [M]. New York: Springer-Verlag. 1981

[133] International Energy Agency. Renewable Energy: Market & Policy Trends in IEA Countries [R]. International Energy Agency, Paris: 2004.

[134] Izadyar N, Ong H C, Chong W T, et al. Investigation of potential hybrid renewable energy at various rural areas in Malaysia [J]. Journal of Cleaner Production, 2016, 139: 61 - 73.

[135] Kalinci Y, Hepbasli A, Dincer I. Techno-economic analysis of a

stand-alone hybrid renewable energy system with hydrogen production and storage options [J]. International Journal of Hydrogen Energy, 2014, 39 (1): 1 – 13.

[136] Kaluthanthrige R, Rajapakse A D, Lamothe C, et al. Optimal sizing and performance evaluation of a hybrid renewable energy system for an off-grid power system in Northern Canada [J]. Technology and Economics of Smart Grids and Sustainable Energy, 2019, 4 (1): 4.

[137] Kaygusuz K. Environmental impacts of the solar energy systems [J]. Energy Sources Part A: Recovery Utilization and Environmeutal Effects, 2009, 31: 1366 – 1376.

[138] Kaygusuz K, Toklu E. The increase of exploitability of renewable energy sources in Turkey [J]. Journal of Engineering Research and Applied Science, 2016, 5 (1): 352 – 358.

[139] Kibazohi O, Sangwan R S. Vegetable oil production potential from Jatropha curcas, Croton megalocarpus, Aleurites moluccana, Moringa oleifera and Pachira glabra: Assessment of renewable energy resources for bio-energy production in Africa [J]. Biomass and Bioenergy, 2011, 35 (3): 1352 – 1356.

[140] Kiplagat J K, Wang R Z, Li T X. Renewable energy in Kenya: Resource potential and status of exploitation [J]. Renewable and Sustainable Energy Reviews, 2011, 15 (6): 2960 – 2973.

[141] Klass D L. A critical assessment of renewable energy usage in the USA [J]. Energy Policy, 2003, 31 (4): 353 – 367.

[142] Klessmann C, Held A, Rathmann M, et al. Status and perspectives of renewable energy policy and deployment in the European Union—What is needed to reach the 2020 targets? [J]. Energy policy, 2011, 39 (12): 7637 – 7657.

[143] Krewitt W, Simon S, Pregger T. Renewable energy deployment potentials in large economies [M]. DLR (German Aerospace Center): 2008.

[144] Kumar A, Sah B, Singh A R, et al. A review of multi criteria decision making (MCDM) towards sustainable renewable energy development [J].

Renewable and Sustainable Energy Reviews, 2017, 69: 596 – 609.

[145] Kumar B S, Sudhakar K. Performance evaluation of 10 MW grid connected solar photovoltaic power plant in India [J]. Energy Reports, 2015, 1: 184 – 192.

[146] Lam L T, Branstetter L, Azevedo I M L. China's wind industry: Leading in deployment, lagging in innovation [J]. Energy Policy, 2017, 106: 588 – 599.

[147] Law P. Energy policy act of 2005 [J]. IEEE Industry Applications Magazine, 2007, 13 (1): 14 – 20.

[148] Li N, Zhao H. Performance evaluation of eco-industrial thermal power plants by using fuzzy GRA-VIKOR and combination weighting techniques [J]. Journal of Cleaner Production, 2016, 135: 169 – 183.

[149] Lin B, He J. Is biomass power a good choice for governments in China? [J]. Renewable and Sustainable Energy Reviews, 2017, 73: 1218 – 1230.

[150] Liu G, Baniyounes A, Rasul M G, et al. Fuzzy logic based environmental indicator for sustainability assessment of renewable energy system using life cycle assessment [J]. Procedia Engineering, 2012, 49: 35 – 41.

[151] Liu G. Development of a general sustainability indicator for renewable energy systems: A review [J]. Renewable and Sustainable Energy Reviews, 2014, 31: 611 – 621.

[152] Liu T, Xu G, Cai P, et al. Development forecast of renewable energy power generation in China and its influence on the GHG control strategy of the country [J]. Renewable Energy, 2011, 36 (4): 1284 – 1292.

[153] Liu Y Q, Ye L Q, Benoit I, et al. Economic performance evaluation method for hydroelectric: Generating units [J]. Energy Conversion and Management, 2003, 44 (6): 797 – 808.

[154] Liu Z, Lieu J, Zhang X L. The target decomposition model for renewable energy based on technological progress and environmental value [J]. Energy

Policy, 2014, 68: 70 - 79.

[155] Loh S K. The potential of the Malaysian oil palm biomass as a renewable energy source [J]. Energy Conversion and Management, 2017, 141: 285 - 298.

[156] Lozanova S. Factors shaping the renewable energy industry in 2008. TriplePundit. Dec. 31, 2008.

[157] Luthra S, Kumar, S, Garg D, et al. Barriers to renewable/sustainable energy technologies adoption: Indian perspective [J]. Renewable and Sustainable Energy Reviews, 2015, 41 (1): 762 - 776.

[158] Mahmood A, Javaid N, Zafar A, et al. Pakistan's overall energy potential assessment, comparison of LNG, TAPI and IPI gas projects [J]. Renewable and Sustainable Energy Reviews, 2014, 31: 182 - 193.

[159] Malik I A, Siyal G E A, Abdullah A B, et al. Turn on the lights: Macroeconomic factors affecting renewable energy in Pakistan [J]. Renewableand Sustainable Energy Reviews, 2014, 3 (4): 544 - 553.

[160] Mardani A, Jusoh A, Zavadskas E K, et al. Sustainable and renewable energy: An overview of the application of multiple criteria decision making techniques and approaches [J]. Sustainability, 2015, 7 (10): 13947 - 13984.

[161] Mardani A, Zavadskas E K, Streimikiene D, et al. A comprehensive review of data envelopment analysis (DEA) approach in energy efficiency [J]. Renewable and Sustainable Energy Reviews, 2017, 70: 1298 - 1322.

[162] Meade N, Islam T. Modelling European usage of renewable energy technologies for electricity generation [J]. Technological Forecastingand Social Change, 2015, 90: 497 - 509.

[163] Meral M E, Dinçer F. A review of the factors affecting operation and efficiency of photovoltaic based electricity generation systems [J]. Renewableand Sustainable Energy Reviews, 2011, 15 (5): 2176 - 2184.

[164] Mohammed Y S, Mustafa M W, Bashir N, et al. Renewable energy resources for distributed power generation in Nigeria: A review of the potential

[J]. Renewable and Sustainable Energy Reviews, 2013, 22: 257 -268.

[165] Mondal M A H, Denich M. Assessment of renewable energy resources potential for electricity generation in Bangladesh [J]. Renewable and Sustainable Energy Reviews, 2010, 14 (8): 2401 -2413.

[166] Monforti F, Bódis K, Scarlat N, et al. The possible contribution of agricultural crop residues to renewable energy targets in Europe: A spatially explicit study [J]. Renewable and Sustainable Energy Reviews, 2013, 19: 666 -677.

[167] Muhammad A Y, Abdullahi M G, Mohammed N Y. Critical factors affecting the development and diffusion of renewable energy technologies (RETS) in Nigeria [J]. Journal of Multidisciplinary Engineering Science and Technology, 2015, 2 (8): 2260 -2264.

[168] Nizami A S, Shahzad K, Rehan M, et al. Developing waste biorefinery in Makkah: A way forward to convert urban waste into renewable energy [J]. Applied Energy, 2017, 186: 189 -196.

[169] Nygaard I, Rasmussen K, Badger J, et al. Using modeling, satellite images and existing global datasets for rapid preliminary assessments of renewable energy resources: The case of Mali [J]. Renewable & Sustainable Energy Reviews, 2010, 14 (8): 2359 -2371.

[170] Osmani A, Zhang J, Gonela V, et al. Electricity generation from renewables in the United States: Resource potential, current usage, technical status, challenges, strategies, policies, and future directions [J]. Renewable and Sustainable Energy Reviews, 2013, 24: 454 -472.

[171] Ouda O K M, Raza S A, Nizami A S, et al. Waste to energy potential: A case study of Saudi Arabia [J]. Renewable and Sustainable Energy Reviews, 2016, 61: 328 -340.

[172] Paiano A, Lagioia G. Energy potential from residual biomass towards meeting the EU renewable energy and climate targets: The Italian case [J]. Energy policy, 2016, 91: 161 -173.

［173］ Painuly J P. Barriers to renewable energy penetration: A framework for analysis ［J］. Renewable Energy, 2001, 24 (1): 73 – 89.

［174］ Paska J, Surma T. Electricity generation from renewable energy sources in Poland ［J］. Renewable Energy, 2014, 71: 286 – 294.

［175］ Pekez J, Radovanovc L J, Desnica E, et al. The increase of exploitability of renewable energy sources ［J］. Energy Sources, Part B: Economics, Planning, and Policy, 2016, 11 (1): 51 – 57.

［176］ Pohekar S D, Ramachandran M. Application of multi-criteria decision making to sustainable energy planning—A review ［J］. Renewable and Sustainable Energy Review 2004, 8 (4): 365 – 381.

［177］ Presley K, Wesseh Jr., Lin B Q. Renewable energy technologies as beacon of cleaner production: A real options valuation analysis for Liberia ［J］. Journal of Cleaner Production, 2015, 90: 300 – 310.

［178］ Quirapas M A J R, Lin H, Abundo M L S, et al. Ocean renewable energy in Southeast Asia: A review ［J］. Renewable and Sustainable Energy Reviews, 2015, 41: 799 – 817.

［179］ Ren J, Sovacool B K. Quantifying, measuring, and strategizing energy security: Determining the most meaningful dimensions and metrics ［J］. Energy, 2014, 76 (1): 838 – 849.

［180］ Resch G, Held A, Faber T, et al. Potentials and prospects for renewable energies at global scale ［J］. Energy Policy, 2008, 36 (11): 4048 – 4056.

［181］ Roberts J J, Cassula A M, Prado P O, et al. Assessment of dry residual biomass potential for use as alternative energy source in the party of General Pueyrredón, Argentina ［J］. Renewable and Sustainable Energy Reviews, 2015, 41: 568 – 583.

［182］ Rohde R A, Muller R A. Air pollution in China: Mapping of concentrations and sources ［J］. Plos One, 2015, 10 (8): e0135749.

［183］ Rozakis S, Soldatos, P G, Papadakis G, et al. Evaluation of an integrated renewable energy system for electricity generation in rural areas [J]. Energy Policy, 1997, 25 (3): 337-347.

[184] Ruiz-Arias J A, Terrados J, Pérez-Higueras P, et al. Assessment of the renewable energies potential for intensive electricity production in the province of Jaén, southern Spain [J]. Renewable and Sustainable Energy Reviews, 2012, 16 (5): 2994-3001.

[185] Saaty T L. The analytic hierarchy process [M]. New York: Mcgraw-Hill, 1980.

[186] Sahir M H, Qureshi A H. Assessment of new and renewable energy resources potential and identification of barriers to their significant utilization in Pakistan [J]. Renewable and Sustainable Energy Reviews, 2008, 12 (1): 290-298.

[187] Shaaban M, Petinrin, J O. Renewable energy potentials in Nigeria: Meeting rural energy needs [J]. Renewable and Sustainable Energy Reviews, 2014, 29: 72-84.

[188] Shen Y C, Lin G T R, Li K P, et al. An assessment of exploiting renewable energy sources with concerns of policy and technology [J]. Energy Policy, 2010, 38 (8): 4604-4616.

[189] Sierra J P, Martin C, Mösso C, et al. Wave energy potential along the Atlantic coast of Morocco [J]. Renewable Energy, 2016, 96: 20-32.

[190] Sigal A, Leiva E P M, Rodríguez C R. Assessment of the potential for hydrogen production from renewable resources in Argentina [J]. International Journal of Hydrogen Energy, 2014, 39 (16): 8204-8214.

[191] Sissine F. Energy independence and security act of 2007: A summary of major provisions [C]. Library of Congress Washington DC Congressional Research Service, 2007.

[192] Sliz-Szkliniarz B. Assessment of the renewable energy-mix and land use trade-off at a regional level: A case study for the Kujawsko-Pomorskie Voivodship [J]. Land Use Policy, 2013, 35: 257-270.

[193] Stahura F L, Godden J W, Xue L, et al. Distinguishing between natural products and synthetic molecules by descriptor shannon entropy analysis and binary QSAR calculations [J]. Journal of Chemical Information & Computer Sciences, 2000, 40 (5): 1245 - 1252.

[194] Stambouli A B. Algerian renewable energy assessment: The challenge of sustainability [J]. Energy Policy, 2011, 39 (8): 4507 - 4519.

[195] Stangeland A. In the potential and barriers for renewable energy [M]. The Bellona Foundation, Oslo: 2007.

[196] Su S H, Yu J, Zhang J. Measurements study on sustainability of China's mining cities [J]. Expert Systems with Applications, 2010, 37 (8): 6028 - 6035.

[197] Sweerts B, Dalla Longa F, van der Zwaan B. Financial de-risking to unlock Africa's renewable energy potential [J]. Renewable and Sustainable Energy Reviews, 2019, 102: 75 - 82.

[198] Thery R, Zarate P. Energy planning: A multi-level and multicriteria decision making structure proposal [J]. Central European Journal of Operation Research, 2009, 17: 265 - 274.

[199] Toklu E. Biomass energy potential and utilization in Turkey [J]. Renewable Energy, 2017, 107: 235 - 244.

[200] Troldborg M, Heslop S, Hough R L. Assessing the sustainability of renewable energy technologies using multi-criteria analysis: Suitability of approach for national-scale assessments and associated uncertainties [J]. Renewable and Sustainable Energy Reviews, 2014, 39: 1173 - 1184.

[201] Tsoutsos T, Frantzeskaki N, Gekas V. Environmental impacts from the solar energy technologies [J]. Energy Policy, 2005, 33 (3): 289 - 296

[202] Tucho G T, Weesie, P D M, Nonhebel S. Assessment of renewable energy resources potential for large scaleand standalone applications in Ethiopia [J]. Renewable and Sustainable Energy Reviews, 2014, 40: 42 - 431.

[203] Varun, Prakash R, Bhat I K. Energy, economics and environmental impacts of renewable energy systems [J]. Renewable & Sustainable Energy Reviews, 2009, 13 (9): 2716 -2721.

[204] Verbruggen A, Fischedick M, Moomaw W, et al. Renewable energy costs, potentials, barriers: Conceptual issues [J]. Energy Policy 2010, 38 (2): 850 -861.

[205] Vries B J M D, Vuuren D P V, Hoogwijk M M. Renewable energy sources: Their global potential for the first-half of the 21st century at a global level: An integrated approach [J]. Energy Policy, 2007, 35 (4): 2590 -2610.

[206] Wang B, Ke R Y, Yuan X C, et al. China's regional assessment of renewable energy vulnerability to climate change [J]. Renewable and Sustainable Energy Reviews, 2014, 40: 185 -195.

[207] Warfield J N. Societal Systems, Planning, Policy and Complexity [M]. John Wiley & Sons, New York, NY, USA, 1976.

[208] Watkiss J D, Smith D W. The energy policy act of 1992-A watershed for competition in the wholesale power market [J]. Yale J. on Reg. , 1993, 10: 447.

[209] Wee H M, Yang W H, Chou C W, et al. Renewable energy supply chains, performance, application barriers, and strategies for further development [J]. Renewable and Sustainable Energy Reviews, 2012, 16 (8): 5451 -5465.

[210] Woo C, Chung Y, Chun D, et al. The static and dynamic environmental efficiency of renewable energy: A malmquist index analysis of OECD countries [J]. Renewable and Sustainable Energy Reviews, 2015, 47: 367 -376.

[211] World Bank. Cost of pollution in China: Economic estimates of physical damages [R]. 2010.

[212] Wu T, Xu D L, Yang J B. Multiple Criteria Performance Modelling and Impact Assessment of Renewable Energy Systems—A Literature Review [M] //Renewable Energies. Springer, Cham, 2018: 1 -15.

[213] Yeh T M, Huang Y L. Factors in determining wind farm location: In-

tegrating GQM, fuzzy DEMATEL, and ANP [J]. Renewable Energy, 2014, 66 (3): 159 – 169.

[214] Yoon K. A reconciliation among discrete compromise solutions [J]. Journal of the Operational Research Society, 1987, 38 (3): 277 – 286.

[215] Yuksel I. Renewable energy status of electricity generation and future prospect hydropower in Turkey [J]. Renewable Energy, 2013, 50: 1037 – 1043.

[216] Zeng Y, Guo W, Zhang F. Comprehensive evaluation of renewable energy technical plans based on data envelopment analysis [J]. Energy Procedia, 2019, 158: 3583 – 3588.

[217] Zhang L B, Tao Y. The evaluation and selection of renewable energy technologies in China [J]. Energy Procedia, 2014, 61: 2554 – 2557.

[218] Zhang S F, Liu S Y. A GRA-based intuitionistic fuzzy multi-criteria group decision making method for personnel selection [J]. Expert Systems with Applications, 2011, 38 (9): 11401 – 11405.

[219] Zhao Z Y, Yan H, Zuo J, et al. A critical review of factors affecting the wind power generation industry in China [J]. Renewable and Sustainable Energy Reviews, 2013, 19 (02): 499 – 508.

[220] Zhou P, Ang B W, Poh K L. Decision analysis in energy and environmental modeling: An update [J]. Energy, 2006, 31 (14): 2604 – 2622.

[221] Zografidou E, Petridis K, Arabatzis G, et al. Optimal design of the renewable energy map of Greece using weighted goal-programming and data envelopment analysis [J]. Computers & Operations Research, 2015, 66: 313 – 326.

[222] Zou H, Du H, Ren J, et al. Market dynamics, innovation, and transition in China's solar photovoltaic (PV) industry: A critical review [J]. Renewable and Sustainable Energy Reviews, 2017, 69: 197 – 206.